Erkan Duman

Döngüde Donanımsal Benzetim (Hardware-in-the Loop Simulation)

Erkan Duman

Döngüde Donanımsal Benzetim (Hardware-in-the Loop Simulation)

Türkiye Alim Kitapları

Impressum / Yayınevi adı
Bibliografische Information der Deutschen Nationalbibliothek: Die Deutsche Nationalbibliothek verzeichnet diese Publikation in der Deutschen Nationalbibliografie; detaillierte bibliografische Daten sind im Internet über http://dnb.d-nb.de abrufbar.

Deutsche Nationalbibliothek tarafından yayınlanan bibliyografik bilgiler: Deutsche Nationalbibliothek, bu yayını Deutsche Nationalbibliografie'de listeler; detaylı bibliyografik bilgi İnternet'te http://dnb.d-nb.de sitesinde mevcuttur.

Coverbild / Kitap kapağı resmi: www.ingimage.com

Verlag / Yayıncı:
Türkiye Alim Kitapları
ist ein Imprint der / yayınevinin bir ticari markasıdır
OmniScriptum GmbH & Co. KG
Heinrich-Böcking-Str. 6-8, 66121 Saarbrücken, Deutschland / Almanya
Email / E-posta: info@turkiye-alim-kitaplary.com

Herstellung: siehe letzte Seite /
Basım yeri: son sayfaya bakın
ISBN: 978-3-639-67282-4

Zugl. / Approved by: Elazığ, Fırat Üniversitesi, 2010

ÖNSÖZ

Güvenlik veya maliyet açısından test edilmesi kritik olan gömülü kontrol sistemi uygulamalarında, donanımsal bileşenler içeren gerçek zamanlı benzetim ortamlarının Döngüde Donanımsal Benzetim tekniği ile oluşturulabilmesi tez çalışmasının ana düşüncesidir. Field Programmable Gate Array (FPGA) teknolojisi, tezde yapılan uygulamalarda ana modelin koşturulmasında denenmiş ve başarılı sonuçlar elde edilmiştir. Çalışabilmesi için hiçbir yazılımsal öğe gerektirmeyen FPGA teknolojisi ile tezin uygulamalarındaki modeller tamamen donanımsal olarak gerçekleştirilmiştir ve bu sayede büyük oranda hız artışı sağlanmıştır. Bir sistemin bütün model denklemlerinin birkaç mikro saniye içerisinde hesaplanabilmesi, gerçek zamanlı uygulama geliştirmek isteyen birçok araştırmacının işini kolaylaştıracaktır.

Öncelikle, bu tez çalışması süresince yardımlarını esirgemeyen ve değerli fikirleriyle bana yol gösteren danışman hocam, Prof. Dr. Erhan AKIN'a çok teşekkür eder, şükranlarımı sunarım.

Ayrıca tez çalışması süresince büyük desteğini gördüğüm, fikir ve önerileriyle çalışmalarıma katkıda bulunan; özellikle uygulamaların gerçekleştirilmesinde tecrübe ve bilgisinden faydalandığım Yrd. Doç. Dr. Hayrettin CAN'a teşekkürlerimi bir borç bilirim.

Ayrıca tez çalışmama destek veren Fırat Üniversitesi Bilimsel Araştırmaları Birimine (FÜBAP-1249) ve TÜBİTAK (Hızlı Destek Programı-107E083)'a da finansal desteklerinden dolayı teşekkür ederim.

Son olarak bütün çalışmalarımda olduğu gibi bu tez çalışması boyunca da sürekli desteklerini gördüğüm sevgili anneme ve teyzeme sonsuz şükranlarımı sunarım.

Erkan DUMAN

ELAZIĞ–2010

İÇİNDEKİLER

Sayfa No

ÖNSÖZ I
İÇİNDEKİLER II
ÖZET IV
SUMMARY V
ŞEKİLLER LİSTESİ VI
TABLOLAR LİSTESİ VIII
KISALTMALAR IX
SEMBOLLER LİSTESİ X
SEMBOLLER LİSTESİ X
1. GİRİŞ 1
1.1. Gömülü Kontrol Sistemleri 3
1.2. Döngüde Donanımsal Benzetici 5
1.2.1. DDB Tekniğinin Temel Bileşenleri 7
1.3. Tezin Amacı 8
1.4. Tezin Organizasyonu 10
2. DÖNGÜDE DONANIMSAL BENZETİM 11
2.1. Döngüde Donanımsal Benzetim Düzeneğinin Tasarımı 13
2.2. Gerçek Zamanlı Benzetim 16
2.3. DDB'in Gerçekleştirilmesi 18
2.3.1. Gerçek Zamanlı Çalışamayan İşlemler 18
2.3.2. İntegral Adımı Süresinin Kısa Seçilmesi 21
2.3.3. Yavaş Çalışan Modelleme Algoritmaları 22
2.3.4. Yavaş Benzetim İşlemcileri 24
2.4. Analog Giriş/Çıkış Hata Kaynakları 24
2.5. Benzetim Bilgisayarının Donanımı ve Giriş/Çıkış Aygıtları 25
2.6. DDB'in Yazılım Mimarisi 27
2.7. Çoklu Adım Büyüklüğü 30
2.8. DDB' de Hata Ayıklama ve Entegrasyon 31
2.9. DDB Ne Zaman Tercih Edilmelidir? 34
2.10. DDB Tekniği İle Bir Bulanık Mantık Denetleyicisinin Test Edilmesi 35
3. SAHADA PROGRAMLANABİLİR KAPI DİZİLERİ 40
3.1. CPLD ve FPGA 43
3.2. Altera MAX 7000S Mimarisi – Çarpım Terimli CPLD Entegresi 44
3.3. Altera Cyclone Mimarisi – Look-up Tablolu FPGA Entegresi 46
3.4. Programlanabilir Lojik Teknolojisindeki Bilgisayar Destekli Tasarım Araçları. 50
3.5. OKFDD Veri Yapısının Optimizasyonu 51
3.5.1. Problemin Tanımlanması 52
3.5.2. CSA Optimizasyon Algoritması 55
3.5.3. Deneysel Sonuçlar 58
4. ÜÇ FAZLI ASENKRON MOTORUN FPGA İLE MODELLENMESİ..... 59
4.1. Üç Fazlı Asenkron Motorun Matematiksel Modeli 60
4.2. Üç Fazlı Asenkron Motorun MATLAB'da Gerçekleştirilmesi 65
4.3. Üç Fazlı Asenkron Motorun FPGA İle Gerçekleştirilmesi 68
4.3.1. abc2qds Bloğunun FPGA Gerçeklemesi 70

Sayfa No

4.3.2. q-Ekseni Bloğunun FPGA Gerçeklemesi ... 73
4.3.3. d-Ekseni Bloğunun FPGA Gerçeklemesi ... 73
4.3.4. Rotor Bloğunun FPGA Gerçeklemesi ... 74
4.3.5. zero_seq Bloğunun FPGA Gerçeklemesi ... 74
4.3.6. qds2abc Bloğunun FPGA Gerçeklemesi ... 75
4.3.7. Asenkron Motor Modelinin FPGA Gerçeklemesi ... 77
4.4. Dijital/Analog Dönüştürme (DAC) Evresi ... 80
4.5. DDB Tekniği ile FPGA Tabanlı Asenkron Motor Modelinin Kapalı Çevrim Kontrol Uygulaması ... 84
4.5.1. Asenkron Motorun V/Hz Kapalı Çevrim Kontrol Uygulamasının Simulink Modeli ... 85
4.5.2. Asenkron Motorun V/Hz Kapalı Çevrim Kontrol Uygulamasının FPGA Modeli ... 90
5. SONUÇLAR ... 95
KAYNAKLAR ... 98
ÖZGEÇMİŞ ... 101

ÖZET

Döngüde Donanımsal Benzetim (DDB) tekniği, Gömülü Kontrol Sistemlerinin (GKS) test aşamasında kullanılan ve donanımsal bileşenler içeren gerçek zamanlı bir benzetim tekniğidir. Diğer benzetim yöntemleri, gerçek zamanlı GKS test edilmesi için DDB tekniği kadar uygun değildir. Çünkü diğer benzetim tekniklerinde, GKS yazılımının sadece %20-30'unu oluşturan denetleyici algoritması ile diğer yazılım ve donanım bileşenleri, ayrı ve bağımsız alt sistemler olarak test edilmektedirler. DDB tekniğinde ise GKS bir bütün olarak ele alınıp en üst sistem seviyesinde değerlendirilmektedir. Bu tekniğin temel prensibi; GKS, gerçek hayatta kontrol edecekleri sistemler yerine içerisinde donanımsal bileşenler de içeren bir benzetim ortamı ile test edilebileceği düşüncesidir.

Bu tezdeki temel amaç; DDB tekniği kullanılarak test edilmesi güvenlik açısından riskli ve maliyet açısından pahalı GKS sınanması için deneysel bir benzetim ortamının oluşturulmasıdır. Bu benzetim ortamı ile GKS pratik bir şekilde test edilebilmesi mümkün olacaktır. Kurulacak olan bu benzetim ortamının performansı, elektrik makineleri alanındaki bir veya daha fazla kontrol uygulaması üzerinden gösterilecektir. Bu amaç doğrultusunda; Laboratuar ortamında gerçekleştirilmesi zor olan elektrik makineleri sürücü sistemlerinin geliştirilmesine ve test edilmesine yönelik bir DDB ortamı gerçekleştirilmiştir. Ayrıca bu benzetim ortamı, ileride daha farklı uygulamaların geliştirilmesine ve test edilmesine imkân verecek şekilde modüler bir yapıda tasarlanmıştır. Bu çalışma ile oluşturulan modüler deneysel benzetim ortamı, GKS geliştirilmesi alanında yapılan araştırmaların uygulama tarafını tamamlayacak önemli bir adımdır.

Anahtar Kelimeler: Döngüde Donanımsal Benzetim, Gömülü Kontrol Sistemi, Sahada Programlanabilir Kapı Dizileri, Gerçek Zamanlı Benzetim, Elektrik Makinesinin FPGA modellenmesi.

SUMMARY

PhD Thesis

Using Hardware-In-The-Loop Simulation Technique in the Robust System Development and Applications

Hardware-in-the-loop simulation (HILS) technique is a kind of real-time simulation technique containing some hardware components that it allows us to test the real Embedded Control Systems (ECS) under different real working loads and conditions. Other simulation techniques do not allow us to test the real embedded control system as a complete system. Often the controller part, which is only about 20-30% of the ECS software, or the other software and hardware components are tested independently. HILS makes it possible to test the complete ECS as a whole in system-level.

The aim of this project is to construct a HILS environment in order to perform the test processes of the controllers used in critical, hazardous and costly applications. With this simulation environment ECS can easily be tested in a practically, cheaply and unhazardous way. The performance of this simulation environment will be evaluated by implementing a few control applications in the area of the electrical drives. This system will be used to implement electrical machinery driver systems that are very difficult to be tested in laboratory environment. Moreover, the structure of the HILS environment which will be constructed in this project will be in modular form so as to test any different application in other areas in future. The mentioned simulation environment can be thought a complementary step for the other ECS projects that are only attracted to the development a new one.

Keywords: Hardware-in-the-loop Simulation (HIL Simulation), Development and Test of Embedded Control System, FPGA, Real-Time Simulation, FPGA Based Electrical Machine Modelling.

ŞEKİLLER LİSTESİ

Sayfa No

Şekil 1. 1. GKS tasarımı ... 4
Şekil 1. 2. Döngüde donanımsal benzeticinin blok diyagramı ... 5
Şekil 2. 1. Örnek bir DDB düzeneği ... 15
Şekil 2. 2. Analog bir sistemin DDB uygulaması ... 25
Şekil 2. 3. Bir DDB uygulamasının akış diyagramı ... 28
Şekil 2. 4. Etkileşimsiz tarz ve DDB arasındaki geçiş ... 33
Şekil 2. 5. Geliştirilen DDB sisteminin şematiği ... 36
Şekil 2. 6. Bulanık denetleyici kartının donanımsal yapısı ... 37
Şekil 2. 7. Tasarlanan bulanık denetleyicinin mimarisi ... 37
Şekil 2. 8. Benzetim ortamının kullanıcı arayüzü ... 39
Şekil 3. 1. Dijital Lojik Teknolojileri ... 41
Şekil 3. 2. Dijital Lojik Teknolojilerinin Karşılaştırılması ... 41
Şekil 3. 3. Örnek bir PLD Devresi ... 42
Şekil 3. 4. MAX 7000 serisi bir macrocell'in iç yapısı ... 45
Şekil 3. 5. MAX 7000 CPLD Mimarisi ... 46
Şekil 3. 6. Cyclone serisi FPGA'lerdeki Lojik Eleman (LE) Mimarisi ... 48
Şekil 3. 7. Örnek bir LUT ve eşdeğer lojik devresi ... 48
Şekil 3. 8. Cyclone serisi LAB ve Arabağlantıları ... 49
Şekil 3. 9. FPGA için kullanılan bilgisayar destekli tasarım araçlarının akış şeması ... 51
Şekil 3. 10. $f = x_1 x_2 + x_3$ fonksiyonu için OKFDD örnekleri ve donanımsal karşılıkları ... 53
Şekil 3. 11. $f = \overline{x_1}.\overline{x_3} + \overline{x_2}$ fonksiyonu için farklı veri tipi listeleri ile elde edilen OKFDD yapıları ... 54
Şekil 3. 12. $f = x_1 x_2 + x_3 x_4 + x_5 x_6$ fonksiyonu için farklı iki değişken sıralı OKFDD çizgeleri ... 54
Şekil 3. 13. CSA algoritmasının akış diyagramı ... 56
Şekil 3. 14. Örnek bir klon ve kodlaması ... 57
Şekil 4. 1. Stator ve rotor bağlantıları ... 60
Şekil 4. 2. abc ile qd0 eksen dönüşümleri ... 62
Şekil 4. 3. q ve d eksenlerinin benzetimi için akış diyagramı ve ilgili denklemler ... 65
Şekil 4. 4. Asenkron Motor Modelinin Simulink Gerçeklemesi ... 66
Şekil 4. 5. Q-Ekseni Alt-Modülünün İç yapısı ... 66
Şekil 4. 6. Rotor Alt-Modülünün İç Yapısı ... 66
Şekil 4. 7. D-Ekseni Alt-Modülünün İç Yapısı ... 67
Şekil 4. 8. Geliştirilen modelin dinamik bir yük altında 5 s lik benzetim sonuçları ... 67
Şekil 4. 9. Floating point sayı sistemi için toplama ve çarpma kütüphanelerinin şematiği 70
Şekil 4. 10. $v_{ds}^{s} = \frac{1}{\sqrt{3}}(v_{cg} - v_{bg})$ matematiksel ifadesinin FPGA gerçeklemesi ... 71
Şekil 4. 11. abc2qds dönüşümünün FPGA gerçeklemesi ... 72
Şekil 4. 12. Q-Ekseni için tasarlanan FPGA Alt-Modülünün Blok Diyagramı ... 73
Şekil 4. 13. D-Ekseni için tasarlanan FPGA Alt-Modülünün Blok Diyagramı ... 74
Şekil 4. 14. zero_seq bileşeni için tasarlanan FPGA Alt-Modülünün Blok Diyagramı ... 75

Sayfa No

Şekil 4. 15. Rotor için tasarlanan FPGA Alt-Modülünün Blok Diyagramı 76
Şekil 4. 16. qds2abc için tasarlanan FPGA Alt-Modülünün Blok Diyagramı 77
Şekil 4. 17. Asenkron Motor Modelinin FPGA şematik tasarımı 79
Şekil 4. 18. FPGA ve DAC kartının senkronizasyonu için deneysel düzenek 81
Şekil 4. 19. Fixed to Floating Format dönüşümünün algoritması 81
Şekil 4. 20. FPGA kartındaki asenkron motor modelinin a fazı akımı 82
Şekil 4. 21. FPGA kartındaki asenkron motor modelinin hız grafiği 82
Şekil 4. 22. FPGA kartındaki asenkron motor modelinin ürettiği moment grafiği 83
Şekil 4. 23. FPGA kartındaki asenkron motor modeline uygulanan dinamik yük 83
Şekil 4. 24. Kurulan deneysel ortamın görüntüsü 84
Şekil 4. 25. V/Hz skalar yöntemi ile kapalı-çevrim hız kontrol uygulaması 85
Şekil 4. 26. V/Hz Skalar kontrol Simulink Gerçeklemesi 87
Şekil 4. 27. V/Hz Skalar kontrol karakteristiği 88
Şekil 4. 28. Kapalı-çevrim hız kontrol uygulaması Simulink sonuçları 89
Şekil 4. 39. Kapalı-çevrim FPGA tasarımının blok diyagramı 90
Şekil 4. 30. Kapalı-Çevrim Referans Hız Grafiği 92
Şekil 4. 31. Kapalı-Çevrim Motor Gerçek Hız Grafiği 93
Şekil 4. 32. Kapalı-Çevrim Motora Uygulanan A Fazının Genlik Grafiği 93
Şekil 4. 33. Kapalı-Çevrim Motor A Fazının Çektiği Akım Grafiği 94
Şekil 4. 34. Kapalı-Çevrim Üretilen Moment Grafiği 94

TABLOLAR LİSTESİ

Sayfa No

Tablo 2. 1. Örnek bir IF-THEN kuralının yapısı 38
Tablo 2. 2. Benzetilen DC-motorun parametreleri 39
Tablo 3. 1. Değişik test fonksiyonları için önerilen yöntem ile elde edilen sonuçlar 58
Tablo 4. 1. Asenkron Motorun Parametreleri ve Değerleri (1 hp) 64
Tablo 4. 2. Seçilen FPGA Geliştirme Kartının Temel Özellikleri 68

KISALTMALAR

ADC	: Analog Dijital Çevirici
CPLD	: Karmaşık Programlanabilir Mantıksal Dizi
DAC	: Dijital Analog Çevirici
DDB	: Döngüde Donanımsal Benzetim
DSP	: Sayısal İşaret İşlemci
FPGA	: Field Programmable Gate Array
I/O	: Giriş-Çıkış
PLD	: Programlanabilir Mantıksal Dizi
SPKD	: Sahada Programlanabilir Kapı Dizileri

SEMBOLLER LİSTESİ

V_{as}, V_{bs}, V_{cs}	: Üç-faz motor stator gerilimleri
P_{rated}	: Nominal Çıkış gücü - W
V_{rated}	: Nominal hat gerilimi in V
P	: kutup sayısı
F_{rated}	: Nominal frekans - Hz
W_b;	: Baz Elektriksel Frekans
Z_b	: Baz Empedans - ohm
V_m	: Fazlardaki beslemelerin genliği
r_s	: stator sargı direnci - Ohm
x_{ls}	: stator kaçak reaktansı - Ohm
x_{plr}	: rotor kaçak reaktansı - Ohm
x_m	: stator manyetik reaktansı -
r_{pr}	: indirgenmiş rotor direnci - Ohm
J	: rotorun ataleti - kg m2

1. GİRİŞ

Bu tez çalışmasında; Gömülü Kontrol Sistemlerinin (GKS) test aşamasında kullanılan Döngüde Donanımsal Benzetim (DDB) tekniği, bileşenleri ile birlikte incelenmiş, üzerinde geliştirmeler ve iyileştirmeler yapılmış ve bir elektrik makinasının sürücü sisteminin değişik çalışma koşulları altındaki performansını gözlemlemek ve güvenilir hale getirmek için kullanılmıştır. DDB tekniği, GKS gerçek hayatta çalışacakları sistemler yerine benzetilmiş sistemler üzerinde gerçek-zamanlı olarak test edilmesi için geliştirilmiş bir yaklaşımdır. Bu yaklaşımın kendisi ve içerdiği alt bileşenleri detaylı olarak ele alınmıştır. Ayrıca bu yaklaşımın performansını etkileyen faktörler ve parametreler üzerinde durulmuştur.

GKS kritik ve tehlikeli uygulamalarda kullanıldıkları zaman çok titiz ve metodolojik bir gerçekleştirmeye ihtiyaç duyarlar. Çünkü bu tarz kontrol sistemlerinde oluşabilecek hataların piyasaya sunulduktan sonra düzeltilmesi çok zordur. Ayrıca bu sistemlerde oluşabilecek hatalar, insan hayatı da dâhil olmak üzere telafisi mümkün olmayan sonuçlara neden olabilmektedirler. Dolayısıyla, bu ürünlerin geliştirme sürecinde test aşaması büyük bir önem kazanmaktadır ve itinalı bir mühendislik çalışması gerektirmektedir. Ancak ürün geliştirme sürecinde test aşamasının yoğun olması, tasarımın daha pahalı, daha uzun süreli ve daha karmaşık hale gelmesine neden olmaktadır. Bu aşamanın hayati önem taşıması, kaçınılmaz bir adım olmasına neden olmuştur. GKS çoğunun kritik şartlar altında çalışmasından dolayı birçok araştırmacı, bu işin tasarım, geliştirme, gerçekleştirme ve test aşamaları üzerine çalışmalar yapmaktadır [1].

DDB tekniği, GKS geliştirilmesinde ve test edilmesinde kullanılan güncel ve yaygınlığı gittikçe artan gerçek zamanlı bir benzetim tekniğidir. Bu sayede, DDB ile bir GKS değişik koşullarda ve çalışma şartları altında test edilmesi mümkün hale gelir. M.A. Sanvido'nun "Döngüde Donanımsal Benzetim Çatısı" başlıklı tezi 2002 yılında tamamlanmıştır ve DDB tekniğinin literatürdeki ilk sunumlarından biridir [1]. M.A. Sanvido, prototip bir helikopterin ve prototip bir hidroelektrik santralinin kontrolünde kullanılmak istenen GKS ini, DDB tekniği ile geliştirmiş ve bu geliştirdiği denetleyicileri gerçek prototipler üzerinde test ettiğinde benzetim ortamındaki sonuçlar ile örtüşen başarılı sonuçlar elde etmiştir. Türkçe literatürde ise 2004 yılında S. Pektaş tarafından Orta Doğu Teknik Üniversitesi'nde yapılan tez çalışmasında; matematiksel modeli belli olmayan bir sistemin denetim sisteminin ayarlanması için DDB tekniğini kullanılmıştır [14]. Bu çalışmada, bir DC motorun konum denetimi için kullanılacak olan kontrol sistemi MATLAB ortamında doğrusal olmayan denetleyici tasarım paketi ve DDB tekniği ile geliştirilmiştir.

Diğer benzetim teknikleri, gerçek GKS bir bütün olarak test edilmesine çoğunlukla uygun değildirler çünkü sadece denetleyici algoritmasının veya diğer bileşenlerin bağımsız olarak test edilebilmesine izin vermektedirler [3]. GKS' de denetleyici algoritması, bütün sistemin %20-30'unu oluşturmaktadır. Ayrıca, diğer benzetim yöntemlerinde bir operatör tarafından elle üretilen hata ve test koşulları DDB tekniğinde yer alan hata üreteci bileşeni ile otomatik olarak üretilebilmektedir.

DDB tekniğinde gerçek bir denetleyici, gerçek sistem yerine bu sistemin donanımsal olarak gerçeklenen benzetimini kontrol etmektedir. Hızlı prototip benzetim tekniğinde, denetleyicinin yerine benzetim ortamı kullanılır ve çok basit prototip bir sistem üzerinde denetleyici geliştirilir [4]. Gerçekleştirme ise genellikle bir denetleyici tasarım yazılımı tarafından yapılır. Sanal prototip benzetim tekniğinde ise hem denetleyici hem de sistem tamamen bilgisayardaki benzetim modellerinden ibarettir. Ne gerçek bir denetleyici ne de donanımsal bir etkileşim söz konusu değildir ve gerçekleştirmesi en kolay olan teknik olduğundan çoğunlukla tercih edilmektedir.

Günümüzde modern araçların birçok fonksiyonu, içerdikleri GKS ile gerçekleştirilmektedir. Bu nedenle, otomobil sanayisinde DDB uygulamaları da kaçınılmaz olmuştur. J. Olsen'in tez çalışmasında, bir otomobil içerisindeki küçük GKS ağını modellemek için DDB tekniği kullanmıştır ve başarılı sonuçlar elde edilmiştir [21].

DDB tekniğinin bir diğer uygulama alanı ise endüstriyel veya özel amaçlı robot tasarımıdır. Literatürde yaygın olarak bilinen KUKA'nın (çok eksenli robot kolu uygulaması) benzetimi bir Avrupa Birliği araştırma projesi olarak DDB tekniği ile gerçekleştirilmiştir [23]. Ayrıca, otonom bir mobil robot sürüsünün bir veya birkaç tanesi gerçek ve geriye kalanları benzetilmiş olacak şekilde nasıl davranacakları Xiolin Hu tarafından incelenmiştir [22].

Elektrik makinelerinin kontrol işlemini gerçekleştiren GKS veya yaygın olarak bilinen adıyla DSP denetleyici sistemlerinin de DDB benzetim tekniği ile test edilebileceği ve bu alanda çeşitli yazılımsal araçların kullanılabileceği literatürde yer almaktadır [15-19]. Bu tez çalışmasında, gerçekleştirilmesi düşünülen öncelikli uygulama örnekleri de bu alanda yer almaktadır. Ancak önceki çalışmalarda görülen noksanlıklar giderilecek ve vurgulanacaktır.

Günümüzde, askeri amaçlı kullanılacak olan elektrik makinelerinin ve ilgili sürücü sistemlerinin yüksek performanslı geliştirilmeleri için DDB tekniği kullanılmaktadır [24]. Bu tip uygulamalarda daha hızlı tork kontrolü ve esnek tasarım özelliği amaçlanmaktadır.

DDB tekniği, başta kontrol mühendisliği olmak üzere eğitim alanında da çok etkili bir araçtır. Öğrencilerin maliyet, risk ve zaman açısından gerçekleştirebilmeleri mümkün olmayan çeşitli uygulamalar, birer benzetim ortamı olarak kullanımlarına sunulabilmektedir [25,26]. Bu kullanım şekli, günümüzde sanal laboratuar diye isimlendirilen yapıların daha da geliştirilmiş gerçekçi bir hali olarak düşünülebilir. Bu tez çalışmasında oluşturulacak modüler deneysel benzetim ortamı, GKS geliştirme ve test aşaması alanında yapılan araştırmaların uygulama ayağını tamamlayacak önemli bir adım olacaktır.

1.1. Gömülü Kontrol Sistemleri

GKS, otomobil, ev ve ofis araçları, uzay aracı gibi insansız çalışan bir makine vb. birçok sistemin kontrolünde kullanılan özel amaçlı bilgisayarlardır. Dijital işlemci teknolojisindeki hızlı gelişmelerden dolayı, GKS günlük hayatımızdaki birçok cihazı kontrol eder hale gelmiştir. Bu sistemler genellikle küçük boyutludurlar ve fonksiyonellikleri sabittir. İşletim sistemleri ve uygulama fonksiyonları aynı program içerisinde birleştirilmiştir. GKS inin geliştirilmesi, klasik ürün ve yazılım geliştirme süreçlerine göre çok daha fazla güvenlik ve güvenilirlik gerektirmektedir. Çünkü bu sistemlerin büyük bir çoğunluğu hataların giderilme şansının olmadığı kritik ve tehlikeli uygulamalarda kullanılmaktadırlar.

Şekil 1.1.'de bir GKS inin tasarım sürecine ilişkin bir akış diyagramı görülmektedir. Öncelikle sistemin kontrol edilebilmesi için gerekli olan eyleyicilerin ve algılayıcıların belirlenmesi gerekmektedir. Eyleyiciler, denetleyicinin kontrol edeceği sisteme uygulayacağı giriş değişkeni için kullanılan arayüz elemanlarıdır. Örneğin gerilim ile kontrol edilecek elektriksel bir sistemde denetleyicinin makineye istediği aralıkta gerilim vermesini sağlayan mekanizmalardır. Benzer şekilde sistemin durumunu makineye bildirmek için kullanılan mekanizmalar ise algılayıcılar olarak isimlendirilmektedir.

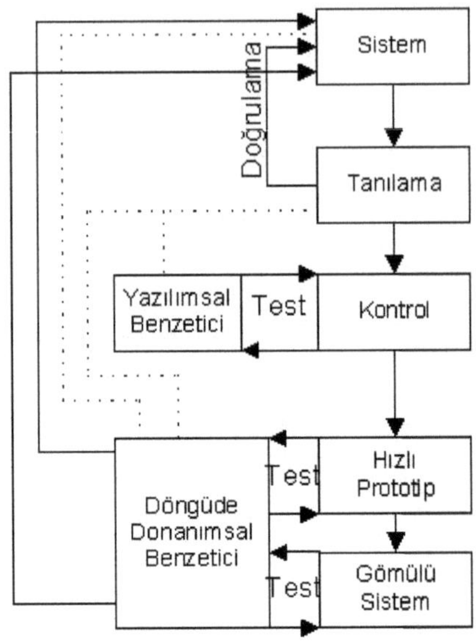

Şekil 1. 1. GKS tasarımı

İkinci aşama sistemin dinamikliğini ortaya çıkarmaktır yani sistemin matematiksel veya fiziksel tanımını yapmak gerekmektedir (Sistem Tanılama Aşaması). Bu aşamada türetilen model ile gerçek sistem karşılaştırılarak doğrulama yapılır. Bu doğrulama işleminde belli bir hata toleransı elde edilinceye kadar model üzerinde iyileştirmeler yapılmaktadır. Üçüncü aşama ise denetleyicinin tasarlanmasıdır. Öncelikle önerilen denetleyicinin istenilen performansı sağlayıp sağlayamayacağı, yazılımsal benzeticiler kullanılarak test edilir. Bu aşamada uygulanan benzetim tekniği tamamen sanal bir benzetim tekniğidir.

Dördüncü aşama, denetleyicinin gerçek platformda test edilmesidir. Bu aşamada sanal bir kontrol sistemi, gerçek veya döngüde donanımsal bir benzetici ile test edilir. Bu aşamada, hızlı prototip benzetim tekniği kullanılmaktadır. Eğer prototipin gerçek sistem üzerinde test edilmesi maliyetli veya tehlikeli ise döngüde donanımsal benzetici kullanılabilir. Sanal benzetimden bu aşamaya geçiş yapılırken genellikle otomatik kod üretme kullanılır. Örneğin MATLAB/Simulink kontrol sistemi tasarım paketi ile sanal denetleyicinin kodu otomatik olarak üretilebilmektedir.

Son aşama ise sahada çalışacak olan gerçek GKS inin üretilmesi ve test edilmesidir. Sanal denetleyici kodundan gerçek denetleyici koduna çevrim oldukça zordur. Ayrıca GKS içerisindeki yazılım, tek başına denetleyici algoritmasından çok daha zor ve karmaşıktır. Çünkü GKS, denetleyici algoritmasından başka görevleri de gerçek zamanda yerine getirmektedirler. Denetleyici algoritması, GKS içerisindeki yazılımın sadece %20–30 gibi bir kısmını oluşturmaktadır. DDB tekniği ile geliştirilen benzetici bu safhaya gelmiş olan GKSinin tehlikesiz ve daha az maliyetle test edilmesine imkân vermektedir.

1.2. Döngüde Donanımsal Benzetici

DDB tekniğini Isermann şu şekilde tanımlamaktadır [31]:

- Benzetilmiş sistemler, gerçek donanımsal denetleyiciler ile birlikte çalışabilirler.
- Kontrol edilecek gerçek sistemler, kısmen veya tamamen benzetilmiş sistemler ile yer değiştirebilirler (Algılayıcılar, Fiziksel Süreçler ve Eyleyiciler).

Yukarıdaki iki tanımdan da anlaşılacağı üzere DDB, gerçek donanımsal denetleyicilerin benzetilmiş sistemler üzerinde test edilmesi tekniğidir. Bu benzetim ortamı, çoğunlukla gerçekleştirmesi masraflı veya tehlikeli uygulamalarda kullanılmaktadır. Şekil 1.2.'de görüldüğü gibi bir tarafta gerçek donanımsal denetleyici varken diğer tarafta benzetilmiş bir sistem bu denetleyici ile uyumlu bir şekilde çalışmaktadır. Benzetilmiş sistem piyasada var olan özel amaçlı benzeticiler olabileceği gibi kişisel bir bilgisayarda koşan bir benzetim programından da ibaret olabilmektedir (MATLAB/Simulink gibi) [11].

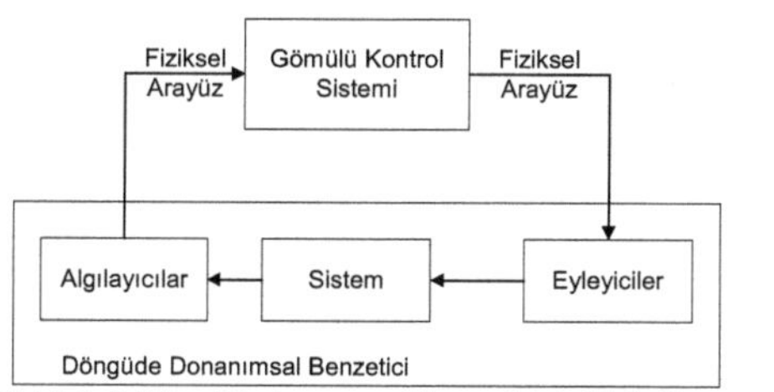

Şekil 1. 2. Döngüde donanımsal benzeticinin blok diyagramı

Şekil 1.2.'de görüldüğü gibi GKS nin çıkışları, benzeticinin giriş değişkenleridir ve benzeticinin hesapladığı çıkışlar ise kontrol sisteminin giriş değişkenleridir. Bir döngüde donanımsal benzeticide giriş/çıkış değerleri aynı zaman aralığında olmalıdır. Benzetici o andaki giriş değişkenlerini alıp sistem denklemlerini hesapladıktan sonra belirlenen zaman aralığı sona ermeden sistemin davranışını belirten çıkışı üretmelidir. GKS nin çıkışı sayısal değilse veya direk bilgisayar tarafından işlenemiyor ise fiziksel bir arayüz gerekebilir. Sistemin en başta hesaplanan bir matematiksel modeli bulunmaktadır. Bu model üzerinde eyleyicilerden gelen giriş değerlerine göre hesaplama yapılır ve benzetilmiş sistemin yeni durumunu ifade eden değişken değerleri algılayıcılara iletilir. Algılayıcılar, GKS ne benzetilmiş sistemin yeni durumunu bildirmek için ilgili çıkışları üretirler. Eğer algılayıcıların çıkışı sayısal değil ise veya denetleyici tarafından direk işlenemiyorsa bu iletim sırasında da fiziksel bir arayüz gerekir.

Ancak dikkat edilmesi gereken önemli bir nokta: benzeticinin yukarıda anlatılan akış diyagramındaki işlemleri gerçek zamanda yani denetleyici ile senkronize bir şekilde yapması gerektiğidir. Denetleyicinin ilk başta verilen bir örnekleme zamanı vardır ve benzetici bu zaman aralığı içerisinde girişi almalı, sistemin davranışını hesaplamalı ve çıkışı üretmelidir. Dolayısıyla böyle bir benzeticinin geliştirilmesinde hızlı işlem gücü için her türlü fedakârlığa gitmekten kaçınılmamalıdır. Ancak böyle bir benzetici gerçekleştirildikten sonra, GKS gerçek zamanda, değişik yük ve çalışma koşulları altında test edilebilmektedir.

Bir döngüde donanımsal benzetim tekniğinde istenilen esnekliği yakalamak ve etkili sonuçlar alabilmek için aşağıdaki hususlara dikkat edilmesi gerekir.

- Benzeticinin giriş ve çıkış sinyallerinin doğru üretilebilmesi.
- Benzeticinin gerçek zamanda çalıştırılabilmesi.
- Benzetilmiş sistemin olabildiğince basit matematiksel formüllere indirgenebilmesi ve gerçek zamanda bu formüllerin hesaplanabilmesi. Ancak bu indirgemelerin, sistemin gerçekçiliğini yitirmediğini garanti etmelidir.
- Test sürecinin verimli olabilmesi için sistemin kendi kendine hata üretebilmesi ve buna karşılık denetleyicinin çıkışının gözlemlenebilmesi.

1.2.1. DDB Tekniğinin Temel Bileşenleri

Bu noktada, "Bütün DDB uygulamaları için ortak olan minimum gereksinim nedir?" sorusuna cevap aramak gerekir. Aslında bu sorunun cevabı; DDB iskeletin temel bileşenleridir. Bunun için literatürdeki birçok farklı alana ait uygulamalar analiz edilebilir. Elde edilecek minimum gereksinim kümesi: {Nümerik Benzetim, Donanımsal Arayüz ve Gerçek Zamanda Planlama} olacaktır. Ayrıca bu kümeye "Hata Üretme" gibi çok kullanışlı bir özellik de eklenebilir. Bu tez çalışmasında, benzetim ile uğraşanların yakından bildiği nümerik benzetim teknikleri üzerinde durulmayacaktır.

Gerçek zamanlı sistemler ve gerçek zamanlı işletim sistemleri, çok geniş bir fonksiyonel özellik kümesi içerirler ve bunları gerçekleştirmek oldukça karmaşıktır. Bu fonksiyonel özellikler, bir mikrodalga fırınından tutun da Mars'ta çalışacak bir bilgi toplama robotuna kadar birçok farklı uygulamayı gerçekleştirebilecek ölçekte geniş olmalıdır. Gerçek zamanlı bu fonksiyonlar; planlama, görev önceliği atama ve kaynak yönetimi şeklinde kategorize edilen süreçlere tabi tutulurlar.

Planlama, her bir görev ve program parçacığının çalışmasını kontrol eder. O an için en uygun olan görevleri seçer ve bunların sistemde bulunan işlemci veya işlemciler üzerinde koşmasını sağlar. Bir görevin önceliği statik veya dinamik olarak belirlenebilmektedir. Dinamik atamada göz önüne alınan kriterler sırası ile şunlardır: görevin çalışması için ihtiyaç duyulan en kötü zaman, görevin bitmesi gereken zaman aralığı, görevin başlangıç zamanı ve görevin çalışması için ihtiyaç duyduğu kaynaklar.

Gerçek zamanlı işletim sistemlerinde giriş/çıkış birimleri ve hafıza gibi ortak kullanılan kaynakların, farklı görevler tarafından erişimi sırasında çakışma olmayacağını garanti eden mekanizmalar mevcuttur. Çok yaygın olan bu mekanizmalar çok karmaşık olabilmektedir ve bazen ölü-kilit problemine neden olabilmektedirler.

Döngüde donanımsal benzeticinin birçok farklı harici eyleyici ve algılayıcı ile haberleşebilmesi gerekebilmektedir. Bunu gerçekleştirebilmek için farklı yaklaşımlar kullanılabilir. Bunlar arasında dijital sinyal arayüzü için hız avantajından dolayı genellikle Sahada Programlanabilir Kapı Dizileri (Field Programmable Gate Array-FPGA) tercih edilir. Sinyal üretme ve sinyal toplama aşamasında farklı tiplerdeki arayüzlerin kolayca gerçekleştirilebilmesi ve yazılımsal sürücülerin kolayca yazılabilmesi veya temin edilebilmesi gerekir.

- Donanımsal Tanımlama Dili (HDL) yeniden programlanabilir donanımların ayarlanması
- FPGA kullanılarak sayısal arayüzlerin gerçekleştirimesi
- DAC / ADC kartları kullanılarak analog arayüzlerin gerçekleştirilmesi.

DDB iskeletinin bir alt bileşeni olan hata üretme ve test etme bileşeni, isimlendirmeden de anlaşılacağı üzere sistemde hata üretmek, hataların ne zaman ortaya çıkacağını planlamak ve GKS nin oluşan hatalara karşı verdiği cevapların doğruluğunu kontrol etmek için kullanılır. Denetleyici sistemin sırası ile test edilen durum sayısı arttıkça sağlamlığı da artacaktır. Bir önceki test koşulunda öğrenilen bilgilere, bir sonraki test koşulunda yenileri eklenecektir.

DDB kavramı, literatürde çok yeni olan bir kavram değildir ancak yeni eklentiler ve geliştirmeler yapılarak çok daha kolay ve kullanışlı hale getirilmektedir. Örneğin otomatik test için FAUSEL diye isimlendirilen bir hata üretme dili kullanmak, bahse değer bir gelişimdir. Ayrıca MATLAB gibi bilgisayar destekli tasarım yazılımlarındaki yeni paketler ile bu tekniğin nasıl kolay uygulanabilir bir hale geldiği de ilgi çekicidir. Sadece blok diyagramları ve akış şemaları kullanılarak hazır kütüphaneler üzerinden DDB tekniği gerçekleştirilebilmektedir.

1.3. Tezin Amacı

Bu tez çalışmasının amacı; DDB tekniği kullanılarak test edilmesi güvenlik açısından riskli ve maliyet açısından pahalı GKS için güvenilir deneysel bir benzetim ortamı oluşturmaktır. Bu benzetim ortamı ile GKS pratik bir şekilde test edilebilmektedir. Geliştirilen bu benzetim ortamının performansı, elektrik makineleri alanındaki bir kontrol uygulaması ile analiz edilecektir. Laboratuar ortamında gerçekleştirmesi zor olan elektrik makineleri sürücü sistemlerinin geliştirilmesine ve test edilmesine yönelik bir DDB ortamı gerçekleştirilecektir. Ayrıca bu benzetim ortamı, ileride daha farklı uygulamaların geliştirilmesine ve test edilmesine imkân verecek şekilde modüler bir yapıya sahiptir yani oluşturulan bu modüler deneysel benzetim ortamı, GKS geliştirmek üzerine yapılan araştırmaların uygulama tarafını tamamlayacak önemli bir adım olarak görülebilir. Bu tez ile paralel olarak yürütülen FÜBAP-1249 ve TÜBİTAK-107E083 projelerindeki bütçe ile gereken donanımsal bileşenler temin edilmiştir. Ayrıca projedeki uygulamalardan elde edilecek sonuçlar, ulusal ve yurtiçi uluslararası kongre ve sempozyumlarda sunularak ilgili akademik çevre ile etkileşim sağlanmıştır. Bu tez çalışmasının özgün değeri, yaygın etkisi ve katma değeri aşağıda maddeler halinde listelenmeye çalışılmıştır.

- Proje kapsamında oluşturulacak DDB ortamı ile test edilmesi güvenlik açısından riskli veya maliyet açısından pahalı GKS, deneysel ve modüler bir ortamda gerçeğe oldukça yakın bir şekilde test edilebilecektir.
- Klasik benzetim yöntemleri, GKS yazılımının sadece %20-30'unu oluşturan denetleyici algoritması ile diğer yazılım ve donanım bileşenlerinin ayrı ve bağımsız alt sistemler olarak test edilmesine yöneliktir. Ancak DDB tekniğinde ise GKS bir bütün olarak ele alınıp en üst sistem seviyesinde test edilmektedir.
- Benzetim ortamı geliştirilirken kullanılacak modeller, FPGA tabanlı olarak gerçekleştirilmiş ve sınanmıştır. Bu sayede modellerin ve dolayısıyla benzetimin çok daha hızlı çalışabileceği gösterilmiştir.
- Klasik benzetim ve modelleme yöntemlerini çalıştıran sistemlerin yetersiz kaldığı veya iyi sonuçlar vermediği gözlemlenen noktalarda önerilen modelleme ve benzetim tekniği kullanılabilecektir. Bu sayede gerçek zamanlı benzetim ortamının birçok yük ve çalışma şartı altında nasıl sonuçlar vereceği ve bu sonuçların gerçek sistem cevapları ile örtüşüp örtüşmediği gösterilecektir.
- Tasarlanacak sistemin maliyeti de oldukça düşüktür. Piyasada ticari amaçlı tasarlanmış birkaç markaya ait son kullanıcı için tasarlanmış benzetici ürünleri mevcuttur. Ancak bunların tek başlarına dahi maliyetleri burada oluşturulacak ortamın maliyetine göre çok daha yüksektir. Bu ürünlerin maliyetleri standart değildir ve kapasiteleriyle ve içerdikleri donanımsal bileşenlerin sayısı ile belirlenmektedir. Yurt dışından ithal edilen hazır DDB simülatörlerinin yerine kullanılabilecek ve daha az maliyetle oluşturulabilecek bu benzetim tekniğinin sınırları ve özellikleri bu tez kapsamında irdelenecektir.
- İlgili literatür taraması sonucu elde edilen temel ve güncel yayınlar kavranmış ve incelenmiştir. Uygulamaların gerçeklenmesi ile elde edileceği düşünülen iyileştirme ve geliştirmelerin bilime katkı yapabileceği aşikardır.
- Önerilen bu teknik başta Kontrol Mühendisliği olmak üzere Elektrik-Elektronik, Bilgisayar, Makine Mühendisliği disiplinlerinde, eğitim amaçlı deneysel benzetim ortamları geliştirmek için kullanılabilecektir.

1.4. Tezin Organizasyonu

Tezin ikinci bölümünde DDB tekniği detaylı olarak incelenmiş ve bir DDB uygulaması geliştirilirken dikkat edilmesi gereken temel noktalar üzerinde durulmuştur. Daha sonra FPGA hakkında teorik ve tezdeki uygulamalarda kullanılan ALTERA FPGA entegre ailesi ve mimarisi hakkında bilgiler verilmiştir. Dördüncü bölümde ise tez çalışmasının ana düşüncesini oluşturan; FPGA tabanlı donanımsal sistem modelleme ve etkileşimli benzetim ortamının nasıl gerçeklendiği anlatılmış ve alınan osiloskop çıktıları ile uygulama sonuçları gösterilmiştir. Ayrıca kapalı-çevrin bir kontrol uygulamasında, DDB tekniği ile deneysel sonuçlar elde edilmiştir. Bu amaç doğrultusunda FPGA tabanlı sistem modeli, aynı entegre içerisinde geliştirilen skalar bir kontrol algoritması ile etkileşimli olarak kullanılmıştır. Son bölümde ise genel hatları ile yapılan çalışmalar üzerinde durulmuş ve ileride yapılabilecek geliştirmeler hakkında öngörüler sunulmuştur.

2. DÖNGÜDE DONANIMSAL BENZETİM

DDB tekniği; bir veya birden fazla GKS donanımını, bir sistemin gerçek zamanlı modeli ve bu model ile oluşturulacak gerçek zamanlı benzetim ortamında test etme yöntemidir. Bu benzetim tekniği, GKS nin sahada kontrol edecekleri gerçek sistem yerine benzetilmiş sistemler üzerinden test edilebilmesine olanak sağlar [33]. Ayrıca gömülü yazılımların doğrulama aşamasında ve uçak benzetimlerinde olduğu gibi çeşitli meslek dallarındaki operatörlerin eğitim sürecinde de bu teknikten yararlanılmaktadır [32].

DDB tekniğinin en önemli avantajı; seri üretim aşamasına gelmiş olan GKS nin test süreçlerinin çok düşük maliyetler ile gerçekleştirilebilmesini mümkün kılmasıdır. İnsansız uçan bir helikopterin kontrol sistemlerinin test edilmesi gibi riskli uygulamalarda bu tekniğin kullanılması kaçınılmaz hale gelmektedir. Böyle bir kontrol sistemini gerçek bir hava aracı ile test etmeye çalışmak büyük mali riskleri ve hayati tehlikeleri göze almaktır. DDB tekniği ile gerçek uçuş testleri yerine risksiz ve çok daha az maliyetli alternatif bir çözüm oluşturulabilmektedir; hava aracının davranışı ve dinamiği olabildiğince gerçekçi olarak modellenir ve bu model ile olabildiğince gerçekçi bir benzetim ortamı oluşturulur. Uçağın donanımsal kontrol sistemi ve oluşturulan bu benzetim ortamı senkronize edilerek gerçek zamanlı olarak çalıştırılır. Gerçek zamanlı olan bu benzetim ortamının, donanımsal gerçek zamanlı kontrol sistemleri ile senkronize olabilmesi için yine donanımsal arayüz bileşenlerine ihtiyacı vardır. DDB tekniği ile uçuş testleri laboratuar ortamında çok daha kısa sürede ve çok daha ucuza gerçekleştirilmiş olur.

DDB tekniği, kontrol sisteminin ilk örneği ortaya çıkmadan önceki aşamalarda da yazılımın denenmesi için kullanılabilmektedir. Bu sayede ürüne ait donanımsal ve yazılımsal geliştirme süreci paralel olarak icra edilebilmektedir. DDB tekniği kullanılmadığı takdirde kontrol sisteminin ilk örneği ortaya çıkana kadar yazılımın tasarlanacak donanım üzerinde nasıl bir performans göstereceği öngörülemez. Bu durumda ürün geliştirme süreci daha fazla zaman alacak ve yazılım ile donanımın bütünleşmesi için ayrıca bir çaba gerekecektir. Büyük projelerde yazılım ve donanımın bütünleştirilmesi zor bir görevdir ve projenin gerçekleştirme süresinin uzamasına, maliyetin artmasına ve bazen ise projenin iş planı takviminin tamamen geçersiz hale gelmesine neden olabilmektedir. DDB tekniği ile ürün geliştirme sürecinin ilk aşamalarından itibaren yazılım ve donanım bütünleştirme görevi ifa edilmeye başlar ve bu sayede yukarıda bahsedildiği gibi istenmeyen durumların ortaya çıkma olasılığı azalır.

En sade hali ile DDB tekniğini şu şekilde tasavvur edebiliriz; bir tarafta bir işlemci ile bu işlemciye ait giriş/çıkış birimleri ve diğer tarafta ise gerçek zamanlı bir benzetimi çalıştıran bir bilgisayar ile bu bilgisayara ait giriş/çıkış aygıtları yer almaktadır. Bu iki kavram birbirleri ile eş zamanlı çalışabilecek hale getirilir ve veri alışverişi için gerekli ayarlamalar ve giriş/çıkış birimleri yüklenirse ortaya DDB tekniğinin temel iskeleti çıkmaktadır. Bu iskelet üzerine gerçek zamanlı çalışma için gerekli olan donanımsal ve yazılımsal bileşenler de eklenerek DDB ortamı daha gerçekçi bir hale getirilir. Oluşturulan bu ortam ile işlemci üzerinde çalışacak olan yazılımın test edilmesine, ürün geliştirme sürecinin ilk aşamalarından itibaren başlanılabilir. Bu sayede gömülü yazılım gerçek sistem üzerinde ilk defa çalıştırılacağı zaman aslında daha önceden DDB tekniği ile gerçekçi bir benzetim ortamı üzerinden birçok çalışma koşulu altında test edilmiş olarak denenecek demektir.

Eğer oluşturulan DDB ortamı gerçekçi değilse ve modellenen sistemin çalışma koşullarına ait test senaryoları gerçeği yansıtmıyorsa, DDB tekniği ile elde edilecek sonuçlar da anlamsız olacaktır. Bir benzetim programının doğrulaması, ilk aşamada belirlenen şartnamelerin ve standartların sağlanıp sağlanmadığının kontrolü ile yapılır. Bu işlem, klasik yazılım geliştirme sürecindeki doğrulama işlemi ile aynıdır. Bir benzetim programının geçerliliği ise temsil ettiği sistemin gerçek davranış ve karakteristiklerini ne kadar doğru olarak yansıttığı ile alakalıdır. İdeal olarak bir benzetim programı için geçerlilik testi, aynı çalışma şartları altında aynı senaryo sonucunda elde edilen gerçek sistem sonuçları ile benzetim programının sonuçlarının karşılaştırılması ile yapılır. Bu karşılaştırma işlemi ürün geliştirme sürecinin baştaki aşamalarında ilk örnek gerçek olarak henüz üretilmediği için mümkün değildir. DDB tekniği komple sistem testlerini tamamen elemine etmez ancak bu testlerin maliyetini oldukça düşürmektedir. En azından DDB sonuçlarının geçerliliğini ispatlamak için bile olsa sistem testlerinin bir defa yapılması ve elde edilen verilerin ve sonuçların saklanması gerekmektedir.

Ayrıca DDB tekniği sayesinde gerçek sistem ve çalışma koşulları altında gerçekleştirilmesi tehlikeli olabilecek testler, güvenli bir şekilde yapılabilmektedir. Örneğin insansız bir hava aracı uygulamasında, iniş sırasında bir motorun aksadığı senaryosunu canlandırmak ve oluşabilecek sonuçları gözlemlemek ancak DDB tekniği ile mümkündür. Buna ek olarak DDB tekniği sistem regresyon testinin gerçekleştirilmesinde de etkili bir yöntemdir. Regresyon testleri; gömülü sistemin donanım veya yazılımda meydana gelebilecek bir değişikliğin önceki sistem fonksiyonelliklerinde bir değişikliğe sebep olup olmayacağının gösterilmesi sürecidir. Bir DDB ortamında sistem regresyon testlerinin büyük bir çoğunluğu otomatik olarak yapılabilmektedir ve gömülü sistemdeki her bir değişiklikten sonra hızlı ve pratik olarak yeni sonuçlar elde edilebilmektedir. Regresyon testlerini hızlı ve kolay bir şekilde gerçekleştirebilmesi DDB tekniğini gömülü ürün geliştirmede en çok itimat edilen araç haline getirmiştir.

DDB tekniğinin belki de en önemli avantajı: ürün geliştirme sürecinde test işlemlerini hızlandırmasıdır. Bir tarafta gerçek sistem testlerini planlamak, kurmak ve gerçekleştirmek aylar sürebilirken, DDB tekniği ile bu işler sadece birkaç saat veya sistemin büyüklüğüne bağlı olarak sadece birkaç gün sürebilmektedir. Karmaşık bir dinamik sistemin lojistik ve güvenlik ile ilgili sakıncaları var ise DDB tekniği ile bu sistemin sorunsuz bir şekilde testleri gerçekleştirilebilmektedir.

2.1. Döngüde Donanımsal Benzetim Düzeneğinin Tasarımı

Bir DDB örneği genellikle gerçek zamanlı olarak çalışmaktadır ve test edilecek olan GKS nin donanımı ve yazılımı ile düzgün bir şekilde haberleşebilmelidir. Benzetimin üzerinde çalışacağı bilgisayar, kullanılan arayüzlere ait sinyalleşmeyi ve protokolleri desteklemelidir. Bu bilgisayarın görevi sadece modelleme ve benzetim ile sınırlı olmayacaktır; bu görevlerin yanı sıra gerçek zamanda çalışan birkaç tane giriş/çıkış aygıtı ile düzgün bir şekilde etkileşim içerisinde olacaktır. Benzetim programının geliştirildiği ortama ve gömülü sistemin karmaşıklığına bağlı olarak giriş/çıkış aygıtları ve bunlara ait düşük seviyeli sürücü yazılımları ile gerçek zamanlı veri iletişimi yapmak oldukça fazla çaba sarf etmeye neden olabilmektedir.

DDB örneğinin gerçek zamanlı olup olmayacağı ve gereken giriş/çıkış sinyallerinin tiplerine bağlı olarak, benzetimin çalıştırılacağı bilgisayarın donanımsal özellikleri ve geliştirileceği yazılım ortamının özellikleri ortaya çıkmaktadır. GKS sabit zaman aralıkları ile giriş/çıkış işlemleri yaptıklarından dolayı DDB in gerçek zamanlı uygulama örnekleri için sabit-adımlı integral algoritmalarından birini tercih etmelidirler.

Giriş/çıkış birimlerinin gerektirdiği zamanlama titizliği nedeni ile Windows veya Unix gibi genel amaçlı işletim sistemleri gerçek zamanlı benzetim için uygun değildir. Bu işletim sistemlerinin bazı özellikleri gerçek zamanda çalışmayı aksatabilmektedir:

- Çalışan bir programın hafızadaki verileri, diğer programların çalışmasına yer açabilmek için sabit diske yedeklenebilmektedir.

- Yüksek öncelikli sistem operasyonları programların çalışmasını bloke edebilmektedir.
- Sistemde oluşabilecek bir kesme isteği kabul edilemeyecek gecikmelere neden olabilmektedir.

Bu problemlerin bazısı için giderilme yöntemleri mevcut ise de tercih edilen çözümler; gerçek zamanlı işletim sistemi seçmek ya da bir geliştirme ortamı ve bu ortam üzerinde var olan araçlar sayesinde oluşturulan gerçek zamanlı çekirdek kullanmaktır. Bu gerçek zamanlı ortamlar sayesinde çok hızlı olman bir bilgisayarda bile saniyede binlerce frame hızında benzetimler rahatlıkla çalıştırılabilmektedir.

DDB örneği geliştirilirken dikkat edilmesi gereken önemli bir nokta ise gömülü sistemin hangi bileşenlerinin fiziksel ve hangi bileşenlerinin ise benzetim ortamında modellenerek gerçekleştirileceğine karar verilmesi işlemidir. Çoğunlukla bu sorunun cevabı aşikâr iken bazı durumlarda ise maliyet ve zaman hesap edilerek cevaba ulaşılır. Genelde ise DDB düzeneği kurulurken bütün bileşenler için hem donanımsal hem de benzetim ortamındaki çözümler hazır hale getirilir ve tasarımcı olası seçeneklerden birini tercih edebilmektedir.

DDB' de en çok arzu edilen yapı; benzetim ortamı ile geliştirilen ve test edilen gömülü yazılımın hiçbir değişikliğe gerek kalmadan gerçekten çalışacağı ortamda kullanılabilmesidir. Bunun için DDB ile test edilen mikroişlemci arasındaki arayüzlerin tamamen doğru bir şekilde taklit edilebilmesi gerekir. Eğer gömülü yazılımı DDB ile test etmek için bazı özgün değişiklikler yapılması gerekiyorsa bu elde edilecek sonuçlara gösterilecek güvenin azalmasına neden olur.

DDB' in sisteme ait algılayıcı veya eyleyicileri içermesi benzetim sonuçlarını daha hassa hale getirebilmektedir. Sistemdeki her bir algılayıcı ve eyleyici için, fiziksel olarak mı yoksa modellenip benzetilerek mi DDB' e dâhil edileceğine ayrı ayrı karar verilmelidir. Eğer algılayıcı bileşeni donanımsal olarak yer alacaksa bu bileşene uygulanacak sinyalin gerçekçi üretilmesi gerekir. Benzetilmiş giriş sinyallerini üretmek daha kolay olabilir; düşük band genişliğine sahip bir örneksel sinyalde olduğu gibi. Ancak bazı giriş sinyallerinin üretilmesi çok karmaşık bir yapıya sahip olmalarından dolayı imkânsız hale gelebilmektedir. Örneğin bir video kamerasının algıladığı giriş sinyallerini modelleyip benzetmek çok zordur. Bu nedenle fiziksel olarak bu gibi bileşenlerin benzetim içerisinde yer alması gerekmektedir.

Benzer şekilde bir eyleyiciyi modelleyip benzetmek kolay olabileceği gibi çok karmaşık da olabilmektedir. Mesela bir röleyi modellemek çok kolaydır çünkü sadece bir alt sisteme yönelik aç ve kapa komutlarını icra eder. Örneğin bir ocağı kontrol eden bir termostata bağlı olan role sıcaklığa bağlı olarak ocağın yanmaya devam etmesini veya kapanmasını sağlar. Eğer sistemdeki eyleyici çok değişken yükler altında çalışan bir elektrik motoru ise bu eyleyiciyi modellemek çok karmaşık ve zor bir görevdir. Böyle bir eyleyici için izlenecek yol; motora uygulanacak yük momentinin benzetime de uygulanmasını sağlayacak ek bir donanımsal bileşen geliştirmektir. Ancak bu sayede eyleyicinin gerçek çalışma şartları altındaki dinamikliği doğru olarak modellenip benzetilebilir.

Şekil 2.1.' de örnek bir DDB düzeneği mevcuttur: kesikli çizgiler ile oluşturulan bölge benzetilmiş olan bileşenler ile gerçek donanımsal bileşenleri birbirinden ayıran bir sınırı göstermektedir. Bu sınırdan geçen her bir çizgi gömülü sistem donanımı ile gerçek zamanlı benzetim arasında gerçekleştirilmesi gereken bir arayüzü temsil etmektedir. Bu örnek düzenekte algılayıcı 1 ve 3 ile eyleyici 2 ve 3 yazılımsal bileşenlerdir. Yani gerçekte bu algılayıcılar ve eyleyiciler yoktur, bunların yerine bu bileşenlerin modellenip benzetilmiş halleri kullanılmaktadır. Algılayıcı 2 ile eyleyici 1 gerçek donanımsal bileşenlerdir.

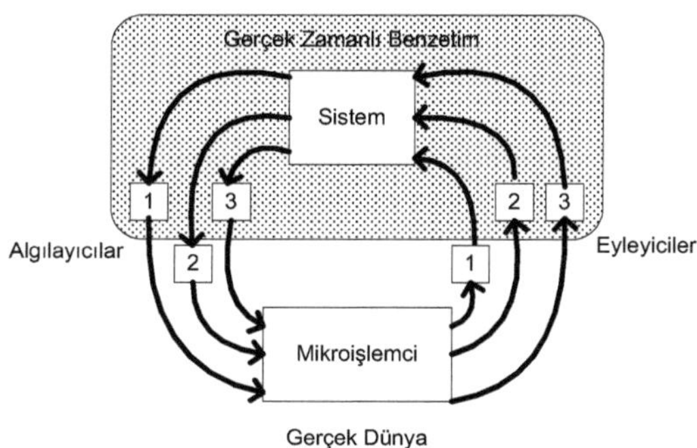

Şekil 2. 1. Örnek bir DDB düzeneği

Şekil 2.1. aynı zamanda DDB' in kavramsal tasarımını gösteren bir çizimdir. Gerçek ve benzetilmiş ortamları birbirinden ayıran sınır aslında benzetim için harcanacak çabayı ve aynı zamanda gereken maliyeti de etkilemektedir. Ayrıca benzetimden elde edilecek sonuçların ne kadar gerçekçi ve kullanışlı olacağını da göstermektedir. Gömülü sistem geliştirme projesinde görev alan tüm üyeler seçilen bu düzenekten haberdar olmalıdırlar.

2.2. Gerçek Zamanlı Benzetim

Bir DDB örneği genellikle gerçek zamanlı bir uygulama olarak çalıştırılmalıdır. Bazen gömülü sistemin gerçek zamanlı bileşenlerinin hızı düşürülebilir ve bu sayede benzetim çalışması gereken gerçek hızından daha düşük bir hızda çalıştırılabilir ancak bu durum çoğunlukla tercih edilmeyen bir yaklaşımdır. Bunun yerine, DDB'in daha zor bir yol olsa da gerçek zamanlı bir uygulama olarak yani gömülü sistemin gerçek zaman parametrelerine uyarak çalıştırılması gerekmektedir. Zaman eksenindeki bu parametreler benzetim programı çalışırken hangi görevlerin ne kadar süre içerisinde bitirilmesi gerektiğini göstermektedir. Bu zaman gereksinimlerinin yanı sıra bir DDB örneği, giriş aygıtlarından veri okuma işlemini, sistem modelinin matematiksel denkleminin hesaplamasını ve çıkış aygıtlarına veri yazma işlemlerini doğru bir şekilde yapmalıdır ki; benzetimi yapılan sistemin davranışı düzgün bir şekilde modellenmiş olsun. Bu giriş/çıkış işlemleri genellikle sabit bir frekansta oluşmaktadır ve bu değer DDB için gerekli olan çerçeve hızını belirlemektedir.

Bilindiği üzere, düzenli aralıklarla meydana gelen sistem girişlerini gerçek zamanlı olarak işleyebilmek için seçilebilecek integral algoritmalarının sayısı sınırlıdır. Gerçek zamanlı DDB uygulamaları için açık integral algoritmaları arasından seçim yapılmalıdır. Çünkü bu sınıftaki integral algoritmaları sadece geçerli zaman diliminden veya daha önceki dilimlerde var olan değerleri kullanmaktadırlar [20]. Örneğin; Adam-Bashforth ve Runge-Kutta'nın ikinci veya üçüncü dereceli algoritmaları bu sınıfta yer almaktadır. Eğer integrali hesaplanan giriş sinyali sürekli zamana yakın ise budama hatalarını minimize eden Adam-Bashforth algoritmaları en iyi sonucu vermektedir. Eğer integratörün giriş sinyali ayrık ise Runge-Kutta algoritmaları daha iyi sonuç vermektedir.

İntegral algoritmasının hangi aileye mensup olacağı belirlendikten sonra bu algoritmanın kaçıncı dereceden olacağı da belirlenmelidir. Birinci dereceden yöntemler büyük hata katsayılarına neden oldukları için genellikle tercih edilmezler. İkinci veya daha yüksek dereceli algoritmalarda hata katsayısı üssel olarak azalmaktadır. Çünkü yüksek dereceli algoritmalarda, budama hataları çok daha düşük olmaktadır. Ancak yüksek derecelere çıkmak daha fazla işlem yükü ve hızı gerektirmektedir. Bu gereksinim benzetimin koşturulacağı ortama bağlı olarak önemsiz olabilmektedir. Ayrıca bu ek gereksinim zamanı, benzetimin diğer bileşenlerinin çalışma zamanı ile karşılaştırıldığı zaman göz ardı edilebilir. Yüksek dereceli algoritmalar, doğrusal olmayan sistem karakteristiklerini modele kazandırabilmektedir ve bu durum sistemin kararsızlık riski potansiyelini arttırabilmektedir. Bu nedenle en uygun seçim başlangıçtaki DDB benzetim sürümleri için ikinci dereceden algoritmalar ile çalışmaktır. Benzetim geliştirme ortamlarının büyük bir çoğunluğunda integral algoritmasının derecesini değiştirmek oldukça kolaydır. Bu kolaylık sayesinde deneysel sonuçların, çeşitli algoritmalar ve bu algoritmaların derecelerine bağlı olarak nasıl değiştiğini görmek mümkündür.

Bir DDB örneğinde gömülü sistem donanımının çalışması ile ilgili oluşabilecek problemler ile de uğraşmak gerekebilir. Örneğin gömülü sistemin güç kaynağı birimi, benzetim programı içerisinden kontrol edilebilir. Zamana bağlı olarak aktif olan birden çok güç kaynağının kullanılacağı uygulamalarda, bu kayaklar benzetim programı ile yazılımsal olarak kontrol edilir. Daha basit sistemlerde ise gömülü sisteme uygulanacak güç bir anahtar yardımı ile uygulanabilir.

Gömülü sistem için gerekli güç uygulandıktan sonra benzetim programı gerekli olan başlangıç işlemlerini yerine getirmeli ve daha sonra gerçek zamanlı olarak çalışmaya devam etmelidir. Benzetim programı çalışmaya başlamadan önce, gömülü sistem donanımı başlangıç şartlarındaki duruma uygun hale getirilir. Benzetimin çalışmaya başlaması ile birlikte gömülü sistem donanımı da gerçek zamanlı olarak çalışmaya başlatılır. Eğer gömülü donanım hareket eden bileşenler içeriyorsa benzetim programı sürekli olarak gömü sistemin davranışını izlemeli ve herhangi bir hata oluştuğunda gücü kontrollü bir şekilde kesmelidir. Bu izleme ve sistem gücünü kesme işlemi, sisteme veya beraberindeki donanımsal bileşenlere fiziksel zarar gelmesini engelleyecektir. Ayrıca kontrol dışına çıkacak olan sistem, güvenlik açısından da riskler taşıyabilir.

Benzetimin sonlandırılması esnasında ise gömülü sistemin gücü zarif bir şekilde sonlandırılmalıdır. Güç tamamen kesilmeden önce hareket eden parçalar durma pozisyonuna getirilmelidir ve gömülü işlemci birimi sıfırlanmalıdır. Isınma ve yıpranma problemlerini en aza indirgemek için gömülü sistemdeki güç kaynakları kısmen veya tamamen devre dışı bırakılmalıdır.

Bir gömülü sistem ile bir benzetim programının arayüzünü oluşturmak sadece algılayıcı ve eyleyici sinyaller ve bunların protokolleri ile başa çıkmaktan ibaret değildir. DDB gerçek sistemin bir çeşit ilk örneği ile çalışır ve bu nedenle bu örneğin zarar görmemesi veya yıpranmaması için olağanüstü bir özen gösterilir. Eğer bu ilk örneğin deneme sürecinde karşılaşabileceği zarar riski proje yöneticisi tarafından göze alınamayacak kadar büyükse DDB ile elde edilecek faydalar bir kenara bırakılabilir. Gömülü sisteme fiziksel zararlar verebilecek veya tehlikeli durumlar doğurabilecek koşulları önceden tahmin edebilmek ve bunlarla başa çıkma yollarını belirlemek işin can alıcı noktasıdır.

2.3. DDB'in Gerçekleştirilmesi

Bir DDB örneğini gerçekleştirmek için en çok tercih edilen yaklaşım; gömülü sistem ve bu sistemin çalıştığı ortamın öncelikle gerçek zamanlı olmayan benzetiminin oluşturulması ile işe başlanılır. Bu benzetimdeki modellerin hepsi aynı veya farklı çalışma hızında olabilirler. Bu benzetim programını DDB'in kullanabilmesi için integrallerdeki zaman adımlarının gerçek zamanlı olarak ayarlanması gerekir. İkinci adımda giriş/çıkış aygıtlarının uyması gereken zaman kısıtlamaları bu benzetime dâhil edilmelidir. Son aşamada ise DDB'e gömülü olarak dâhil edilecek olan donanım ve yazılım bileşenlerinin benzetilmiş modellerinin etkileri ortadan kaldırılmalı veya en aza indirgenmelidir.

Oluşan benzetim programı yükleneceği bilgisayarda gerçek zamanda yani zaman ekseninde uyması gereken hiçbir kuralı göz ardı etmeden çalışabilme yeteneğine sahip olmalıdır. Bazen bu aşamaya gelen benzetimler gerçek zaman gereksinimlerini karşılayamamaktadırlar ve bu nedenle önceki aşamaların tekrar gözden geçirilerek benzetim çalışma hızı iyileştirilebilmektedir. Benzetimi yavaşlatan olası nedenler ve bunların alternatif çözüm yolları alt başlıklar halinde incelenmiştir.

2.3.1. Gerçek Zamanlı Çalışamayan İşlemler

Gerçek zamanlı olmayan benzetim programları için kullanışlı olan bazı işlemler, gerçek zamanda çalışmaya uygun olmayabilmektedirler. Bu işlemler gerçek zamanlı olmayan benzetimde oldukça faydalı olabilmelerine rağmen sistem gerçek zamana çevrilmek istendiği zaman bu işlemlerin tanımlanması ve bunlara alternatif çözümler bulunması gerekmektedir. Gerçek zamanda çalışmaya uygun olmayan bu işlemlerin bazıları aşağıda örneklenmiştir.

2.3.1.1 Disk İşlemleri

Sabit diskler üzerinde okuma/yazma işlemleri yapmak uzun süren gecikmelere neden olduklarından dolayı gerçek zamanda çalışan benzetim programları için genellikle uygun değildirler. Bir gerçek zamanlı benzetim disk üzerinde işlem yapmak yerine başlangıç aşamasında hafızada oluşturulan dosyalar ile çalışmayı tercih etmelidir. Eğer benzetimin üzerinde çalışacağı ortamda dosya giriş/çıkış işlemleri için bloke etme söz konusu değilse bu problem daha da hafiflemektedir. Bloke edilmeyen giriş/çıkış çağrıları ile bir dosyadan okuma işlemi yapılırken diğer işlemler çalışmaya devam edebilmektedir. Bu sayede benzetim programı için gerekli olan verinin okunması işlemine çok önceden başlanıp gerektiği zamanda gecikmeye neden olmadan hazır olması sağlanmaktadır. Bu tip bir dosyadan okuma işlemine ne kadar süre önce başlanması gerektiğini bilmek için okuma işleminde giriş/çıkış zaman gecikmesinin en kötü durumdaki gecikmesini ölçmek gerekir.

Benzetim çalışırken diske veri yazabilmek için gerçek zamanda çalışabilecek bir veri yakalama tekniğine ihtiyaç duyulmaktadır. Örneğin; benzetimin çalışması boyunca oluşacak veri hafızada biriktirilir ve benzetim sonlandırılınca bu biriktirilen verinin tamamı diske aktarılabilir. Bir başka alternatif teknik ise çok görevli bir ortamda görevlere öncelik değerleri atayarak yapılmaktadır. Bu sayede yüksek öncelikli bir görev boşta bekliyorsa, dosya giriş/çıkış işlemi yapan düşük öncelikli görevler çalışabilmektedir.

Bazı benzetim geliştirme ortamları DDB için destek araçları içermektedirler ve bunlar sayesinde gerçek zamanda veri toplama kolaylıkla ve yüksek seviyede yapılabilmektedir.

2.3.1.2. Dinamik Hafıza Tahsisi

Gerçek zamanda çalışmaya uygun olmayan bir başka işlem ise dinamik hafıza tahsisi işlemidir. Eğer bir program uzunca bir süre çalışıyorsa ve oldukça fazla hafızada yer ayırma ve serbest bırakma işlemi yapıyorsa hafıza yığını çok parçalı hale gelir. Mevcut hafıza uzayında yerleştirilmiş olan hafıza bloklarından bazısı serbest bırakılınca var olanlar arasında boşluklar meydana gelir. Bundan sonra gelecek olan büyük bir hafıza bloğu tahsisi için hafızada yer arama işlemi gerekir veya büyük bir blok küçük parçalar halinde mevcut küçük boyutlu bloklara yazılmaya çalışılır ve her ikisi de gecikmelere neden olur.

Bu problemden kurtulmanın yolu; bütün hafıza tahsis işlemlerinin benzetime başlamadan önceki başlangıç aşamasında yapılmasıdır. Benzetimin çalışması sırasında modeller çok nadir olarak hafızda yer tahsisi ve serbest bırakma işlemleri gerçekleştirirler dolayısıyla bu yöntem fazla sıkıntıya neden olmaz. Bu problem diskler için de geçerlidir ve disk birleştirme işlemi ile giderilir.

2.3.1.3. Belirsiz Çalışma Zamanına Sahip Algoritmalar

Bazı sayısal algoritmaların çalışması için gerekli olan adım sayısı girişine uygulanan verinin büyüklüğüne bağlı olarak değişmektedir. Örneğin verilen bir fonksiyonun belirtilen aralıktaki en küçük değerini bulan bir algoritmanın çalışma adım sayısı sabit değildir. Bu algoritma, verilen fonksiyon eğrisinin düzlüğüne bağlı olarak sadece birkaç adımda da bitebilir veya çok aşırı çalışması gerekebilir. Bu belirsizlik bir DDB örneği için uygun değildir çünkü zaman ekseninde uyması gereken kısıtlamaları aksatma potansiyeli taşır.

Bu problemi çözmek için değişik birkaç yaklaşım mevcuttur. Bunlardan biri algoritmanın davranışını yaklaşık olarak tahmin edecek bir interpolasyon fonksiyonu oluşturmaktır. Eğer fonksiyon karmaşık ve fazla giriş içeriyorsa ortaya çıkacak olan interpolasyon tablosunun boyutu büyük olacaktır.

Bir diğer yaklaşım ise çalışma zamanı belli olan alternatif fonksiyonları tercih etmektir. Genellikle çalışma zamanı belli olan bir algoritma, orijinal algoritmasından daha yavaş bir ortalama zamanla çalışmaktadır ancak çalışma zamanı belli olunca en kötü durum performansı iyileşmektedir. DDB'de olduğu gibi gerçek zamanlı uygulamalarda çoğunlukla bizi ilgilendiren tek şey en kötü durum performansıdır.

Sonuç olarak orijinal algoritma ile çalışma zamanı belli olan algoritma birleştirilerek daha iyi sonuçlar elde edilebilir. Mesela minimum bulma örneğinde öncelikle çalışma zamanı belli bir algoritma kullanarak yaklaşık bir çözüm bulunur. Arama uzayı eşit aralıklara bölünür ve bu aralıklarda zamanı belli olan algoritma ile minimumlar bulunur. Daha sonra ise minimumlar arasında arama yapmak için orijinal algoritma sınırlı adımlı olarak çalıştırılır. Bu birleştirme sonucu ortaya çıkan birleşik algoritmanın ortalama zamanı daha kötü olmasına rağmen çalışma zamanı tahmin edilebildiği için gerçek zamanda kullanılabilmektedir.

2.3.2. İntegral Adımı Süresinin Kısa Seçilmesi

Dijital benzetim programlarında integral adımı süresi gereğinden kısa seçilebilir. Bu durum gerçek zamanlı olmayan bir benzeti için sadece toplam çalışma süresinin artması anlamına gelmektedir. Ancak gerçek zamanlı bir benzetimde çok kısa bir adım süresi, uyulması gereken zaman kısıtlamalarının kaçırılmasına neden olabilmektedir.

Adım süresi kısaldıkça benzetim sonuçlarının doğruluğu artacaktır. Diğer taraftan ise bu süre çok kısalınca benzetimin yuvarlamadan kaynaklanan hatası, integralin kesme hatasına göre çok daha büyük olmaktadır. Çift duyarlıklı değişkenler ile çalışıldığı zaman yuvarlama hatası baskın olana dek integral adımı süresi düşürülebilir. Çok nadir olmakla birlikte integral zaman adımı süresinin kısalığı problemlere neden olmaktadır. Eğer benzetimin gerçek zaman sürümünde zaman eksenindeki kısıtlamalar karşılanmıyorsa, integral zaman adımı dilimi incelenir ve mümkünse arttırılır.

Yukarıda bahsedilen bu analizin yapılabilmesi için iki yaklaşım mevcuttur. Birincisi; benzetilmiş modellerin detaylı bir şekilde incelenmesi ve her bir model için uygulanabilecek maksimum integral adımı büyüklüğünün belirlenmesidir. Modellerin kabul edebileceği adım büyüklükleri içerisinde en küçük değer, benzetimin geneli için kabul edilebilecek en uzun süreli adım büyüklüğü değeridir. Eğer bu analiz sonucunda bulunan adım büyüklüğü değeri, benzetimin mevcut adım büyüklüğü değerinden fazla ise mevcut değer arttırılır.

Alternatif bir diğer yaklaşım ise benzetimin mevcut adım büyüklüğünün her defasında çok az artırarak çalıştırmak ve bu işleme olumsuz veya istenmeyen bir durum gözlenene kadar devam etmektir. Sınırdaki bu değer bulununca anlamsız bir bit kadar azaltma yaparak kullanılacak adım büyüklüğü değeri elde edilir. Bulunan bu değer referans alınarak çeşitli şartlarda benzetim çalıştırılır ve modellerde hatalı bir davranış oluşup oluşmadığı gözlemlenir. Sistemin sahip olduğu tüm dinamikler bu test esnasında uygulanmalıdır ki; sistemin tüm durumlarda karşısında beklenen davranışı sergileyip sergilemediği ortaya çıksın. Eğer bu testlerin sonucu benzetimin orijinal hali ile örtüşüyorsa uzun süreli adım büyüklüğünü tercih etmek gerçek zaman ortamı için daha uygundur.

Yukarıda bahsedilen iki yaklaşımdan biri sonucunda integral adım büyüklüğünün artırılması sonucu ortaya çıkarsa benzetim programı gerçek zamanda çalışırken daha az hesaplama gücüne ihtiyaç duyacaktır. Hesaplama gücü gereksinimindeki bu azalma, benzetimin üzerinde koşacağı mevcut bilgisayarda herhangi bir değişiklik yapmadan daha rahat çalışmasını ve zaman kısıtlamalarına uymasını sağlamaktadır.

Eğer benzetim örneği birden fazla çalışma hızına sahip modeller içeriyorsa yavaş çalışan modellerin integral adım süresi, hızlı çalışan modellerinkine göre daha uzundur. Çoklu adım büyüklüğüne sahip benzetimlerde daha az hesaplama gücüne ihtiyaç duyulur çünkü benzetilmiş modeller gerektiğinden daha hızlı çalıştırılmak zorunda kalmazlar.

2.3.3. Yavaş Çalışan Modelleme Algoritmaları

Benzetim modellerinde kullanılan algoritmaların bazıları çalışma zamanlarının belli olmasına rağmen gerçek zaman şartlarını sağlayamayacak kadar yavaş olabilmektedirler. Bu durumda yapılması gereken şey aynı fonksiyonu daha kısa sürede yapabilen bir algoritma ile mevcut algoritmanın değiştirilmesidir.

Örneğin tek boyutlu ve tek girişli bir fonksiyon düşünelim ve bu fonksiyonun tanım uzayı eşit olmayan aralıklara bölünmüş olsun. Bu fonksiyonun tek bir giriş değişkeni vardır ve bu değişkenin monoton olarak arttığını düşünelim. Eşit aralıklara ayrılmamış fonksiyonlarda standart yaklaşım; öncelikle ikiye bölme yöntemi ile arama yapıp girişin bulunduğu aralığın başlangıç noktasına konumlanmaktır. Ancak her defasında fonksiyonun ilgili değeri hesaplanmalıdır. Bunun yerine eğer fonksiyonun girişi yavaşça artıyorsa arama işleminden vazgeçip sadece giriş değerinin mevcut aralıkta olup olmadığı kontrol edilebilir. En kötü ihtimal bir sonraki aralığa sıçramış olacaktır. Bu sayede ikiye bölme işlemi için gereken zamandan kurtulmak mümkündür. Ancak ortada yapılan bir kabul vardır ve bu kabul şartlarında orijinal algoritma ile aynı sonuçlar elde edilebilecektir.

Algoritma değiştirmek yerine alternatif bir çözüm olarak algoritmanın davranışı iyileştirilebilir. Literatürde algoritma iyileştirmeye yönelik araçlar mevcuttur. Bunların temel çalışma mantığı; algoritmanın çalışırken en çok zaman harcanan kısımlarını keşfetmek ve bu noktalardaki kodlar üzerine yoğunlaşmaktır. Çalıştırılabilir kodların performansını iyileştirebilmek için çeşitli teknikler mevcuttur. Bunlardan bazıları aşağıda maddeler halinde verilmiştir:

Döngüleri Açmak: Bir döngü yapısı kullanmak yerine döngü içerisindeki komutlar aynı hizalı işlemlerin bir serisi olarak açık bir şekilde artarda yazılabilir. Bu sayede döngünün her bir adımında kontrol ve dallanma işlemlerinden kurtulmak mümkündür. Döngü açmada kullanılan orta seviyeli bir yöntem; döngüyü tek bir aşamada değil birden fazla aşamada çalışacak hale getirmektir. Örneğin içerisinde dört tane işlem bulunan bir döngüdeki kontrol ve dallanma işlemi sayısı içerisinde sadece bir tane işlem bulunan döngüye göre dört kat azalır. Döngü açma yöntemi sadece içerisinde oldukça basit işlemler içeren döngülere uygulanmalıdır. Çünkü bu döngülerde her adımdaki kontrol ve dallanma için harcanan süre içerideki işlemlerin gerçekleştirilmesi için harcanan süreye göre baskındır.

Değişmeyen Hesaplamaları Döngü Dışına Almak: Bir döngü içerisindeki bazı değerler sadece bir kez hesaplanır ve sürekli aynı değer ile defalarca kullanılır. Bu tip hesaplamalar döngüye başlamadan önce yapılmalıdır ve bu sayede gereksiz işlem yükünden kurtulmak mümkün olur. Benzer şekilde benzetimin genelinde sadece bir defa hesaplanıp sürekli aynı değere ait olacak işlemler ise başlangıç aşamasına taşınmalıdır. Benzetimin her adımında bu gereksiz işlemleri yapmamak gerekir. Bu eniyileme teknikleri benzetimin hızını iyileştirir. Hızdaki artış hesaplamalardaki karmaşıklığa ve aynı işlemleri tekrarlama yükünden ne kadar kurtulduğumuza bağlıdır.

Satır içi Fonksiyonlar: C++ gibi bazı diller satır içi fonksiyonların kullanılmasına izin verir. Bu sayede bu fonksiyonların çağrıldıkları her yere fonksiyon içerisindeki komutlar eklenir. Bu işlem hafıza tüketiminin artmasına neden olurken hesaplama gücü gereksinimini azaltmaktadır. Çünkü programın içerdiği kodun büyüklüğü artmaktadır ancak fonksiyonların çağrıldığı noktalardaki parametre geçişleri ve dallanma işlemleri yükü ortadan kalkacaktır. Bu fonksiyonların en iyi performans gösterdikleri yerler; döngü içerisinde kullanılan basit içerikli fonksiyonlardır.

Yukarıda anlatılan bu eniyileme tekniklerini el ile gerçekleştirebilmek için efor sarf etmek gerekir. Eniyileme içeren derleyiciler kullanıldığında ise döngü açma, değişmeyen kodu taşıma vb. işlemlerin büyük bir çoğunluğu otomatik olarak yapılmaktadır. Bunun için sadece ilgili eniyileme seviyesini seçmek veya mevcut seviyede ilgili seçeneği aktif hale getirmek yeterlidir. Eğer kod yazımı sırasında bu teknikler zaten uygulanmış ise eniyileme içeren bir derleyici kullanmak, program performansını iyi veya kötü yönde etkilemeyecektir. Bu tekniklerin aşırı kullanımı kaynak kodun performansını iyileştirecektir ancak anlaşılabilirliğini de ortadan kaldırabilir. Bu yüzden kaynak kodun eniyileme seviyesi ve anlaşılabilirliği arasında bir denge kurmak gerekir.

2.3.4. Yavaş Benzetim İşlemcileri

Bazı durumlarda benzetimin hızını iyileştirmek için en kolay ve en ucuz yaklaşım; gerçek zamanda daha hızlı çalışabilecek bir işlemci satın almaktır. Sadece saat frekansının haricinde tüm yönleri ile eskisi ile aynı özellileri taşıyan yeni bir işlemci satın alırsanız benzetim çalışma hızındaki artışı kabaca saat frekansındaki artışa oranla hesaplayabilirsiniz. Sadece bu değişiklik benzetimin gerçek zamanda çalışması için yeterli olabilir.

Daha karmaşık olan bir diğer alternatif ise işlemci sayısını arttırmaktır. Bu seçeneğin gerçekleştirilebilmesi için mevcut donanımsal ortamın gerçek zamanlı çok işlemci yönetim desteğinin olması gerekir. PC mimarilerinde bu destek VME veya CompactPCI veri yolu ile sağlanmaktadır. Ayrıca benzetim yazılımının ise paralel çalışabilecek parçalara ayrıştırılması ve bu işlemcilere dağıtılması gerekmektedir. İşlemcilerden bir tanesi sadece bu koordinasyon görevini icra edebilir. Eğer N tane işlemci varsa ve benzetim programı N tane eşit zamanlı parçaya bölünmüş ve bu işlemcilere dağıtılmış ise benzetimin toplam çalışma süresinde yaklaşık olarak N kat indirgenme beklenir. Bu doğrusal orandan bahsedebilmek için tüm parçaların paralel çalışabilecek şekilde seçildiği ve işlemciler arasındaki iletişim ve koordinasyon için gerekli iş yükünün çok önemsiz işlem yüküne sebep olacağı kabulleri yapılmalıdır.

Bu mimarideki en zor görev; benzetimin paralel çalışabilecek eşit büyüklükteki parçalara ayrıştırılması işlemidir. Bu mimarinin gerçekleştirilmesi üzerinde bayağı düşünülmesi gereken bir iş olmasına rağmen bazı karmaşık benzetim örneklerinde gerçek zamanda çalışabilmenin tek yoludur.

2.4. Analog Giriş/Çıkış Hata Kaynakları

DDB örnekleri çoğunlukla analog giriş/çıkış birimleri içeren GKSlerini test etmek için kullanılmaktadırlar. Bu tip uygulamalarda hatalı çalışma potansiyeli yüksektir. Oluşabilecek problemlerin nelerden kaynaklandığı, bu problemlerden kurtulma veya bu problemlerin etkilerini en aza indirgemek için kullanılan yöntemlerinin neler olduğu üzerinde durulacaktır.

Şekil 2.2.'de görüldüğü gibi DDB ile test edilecek gömülü sistemin giriş/çıkış birimleri analog ise gerçek zamanlı benzetim ile arasında donanımsal arayüzler kullanmak gerekir.

Olayı basitçe izah edebilmek için kontrol sisteminin tek giriş, tek çıkışa sahip olduğunu ve gerçek sistemin ise sürekli zamanlı bir sistem olduğunu düşünelim. Şekil 2.2.'de ADC ve DAC blokları sırası ile Analog-Dijital ve Dijital-Analog dönüştürücülerin kısaltılmış halleridir.

Şekil 2.2.'de görüldüğü gibi ADC ve DAC blokları gerçek zamanlı benzetimin birer parçasıdırlar. Gerçek sistemde ise bu parçalara gerek yoktur, bu dönüşümler sistemin gerçek zamanlı modeli ve bu modelin üzerinde ayrık olarak çalışacağı dijital bilgisayar sistemi için gereklidir. Dolayısıyla gerçek sistemin davranışı ile benzetim ortamının davranışı arasında farklılıklar olacaktır. Bu farklılıkların nedeni ise aşağıda maddeler halinde verilmiştir.

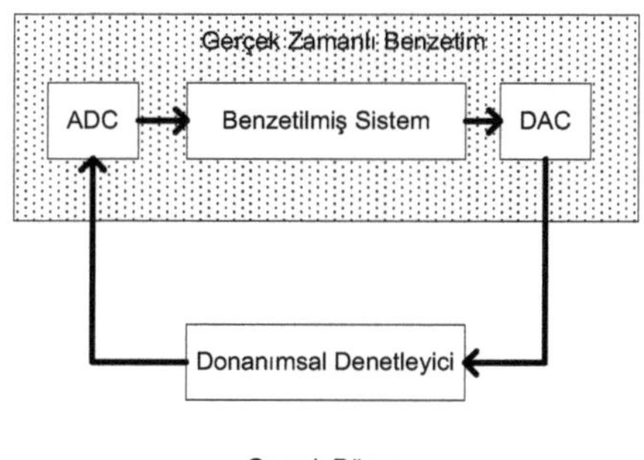

Şekil 2. 2. Analog bir sistemin DDB uygulaması

2.5. Benzetim Bilgisayarının Donanımı ve Giriş/Çıkış Aygıtları

DDB uygulamasının giriş/çıkış sinyalleri sadece analog olmayabilir. Karmaşık dinamik sistemlerin benzetiminde analog giriş/çıkış sinyallerine ek olarak birçok giriş/çıkış aygıtı da kullanılmaktadır. Dinamik gömülü sistemlerde ve dolayısıyla DDB örneklerinde sıkça karşılaşılabilecek sinyal tipleri:

- Ayrık-dijital (TTL, dijital, vb.)
- Seri iletişim (RS-232, RS-422, vb.)
- Gerçek zamanlı veri yolu (MIL-STD-1553, CAN, ARINC-429, vb.)
- Aygıt veri yolları (IEEE-488,vb.)

- Bilgisayar ağları (Ethernet, vb.)
- Özgün sinyal gerektiren algılayıcılar (LVDT transducers, thermocouples, vb.)

Giriş çıkış aygıtları bir veya daha fazla benzetim işlemcisi ile birlikte bir bilgisayar sistemine yüklenmeli ve bu bilgisayar sistemi, oluşturulan yazılım ve donanım ile gerçek zamanda çalışabilmelidir. Giriş/çıkış aygıtları için yazılım desteği kritiktir çünkü eğer kullanılan bir giriş/çıkış cihazına ait sürücü yazılım mevcut değilse benzetimi geliştiren ekip bu sürücüyü yazmak zorundadır. Bir cihaz sürücüsü geliştirmek oldukça zahmetli bir iştir.

Benzetim bilgisayarının gereken performansı iyi tanımlanmalı ve bu karakteristiğini gerçek zamanda koruyabilmelidir. Yüksek performanslı bir benzetimde bütün modellerin güncellenmesi ve giriş/çıkış işlemlerinin gerçekleştirilmesi için tanımlanan zaman adımı birkaç yüz mikro-saniyeden ibarettir.

Benzetim bilgisayarında, gerçek zamanda çalışma için yüksek seviyeli yazılım desteği bulunmalıdır ve benzetim programına ait kodların çalışmasını istenmeyen şekilde bloke etmemelidir. Genel amaçlı kişisel bilgisayarların büyük bir çoğunluğu gerçek zamanda uygulama çalıştırmak için müsait değildir. Sadece çalışma hızı oldukça düşük DDB örnekleri bu tip bilgisayarlarda gerçekleştirilebilir. Çalışma frekansı yüksek olan benzetimlerde gerçek zamanlı işletim sistemleri kullanmak veya benzetim bilgisayarı üzerinde oluşturulan gerçek zamanlı çekirdeği kullanmak gerekir.

Gerçek zamanda çalışacak bir bilgisayar sisteminde bulunması gereken temel özellikler şunlardır:

- Birden fazla yüksek performanslı işlemci desteği
- Yüksek frekanslı gerçek zamanda çalışma desteği
- İşlemciler ve giriş/çıkış aygıtları arasında yüksek veri transferi
- Olabildiğince farklı türde giriş/çıkış protokolü desteği

Son yıllarda özellikle bu amaç doğrultusunda geliştirilen bilgisayar sistemleri mevcuttur. Güncel DDB örneklerinin çoğunda tasarımcılar, VME veri yoluna sahip benzetim bilgisayarlarına odaklanmışlardır. Gelecekte ise CompactPCI gibi daha yeni veri yolları daha az maliyetli benzetim bilgisayarlarının geliştirilmesine yardımcı olacaktır.

Düşük bütçeli DDB uygulamaları için IBM-PC uyumlu bilgisayar donanımı üzerinde gerçek zamanlı benzetimleri çalıştırabilecek yazılım ortamları mevcuttur. PC-uyumlu bilgisayar sistemlerinde ISA veya PCI genişleme yuvaları bulunmaktadır. ISA veriyolunda veri transfer hızı daha düşüktür.

Giriş/çıkış cihazları geliştiren üretici firmaların çoğunluğu PC sistemlerinde kullanılabilecek yani ISA veya PCI bağlantı desteği içeren kartlar da üretmektedir. Tamamen PC üzerinde çalışacak olan ve bu sisteme uyumlu giriş/çıkış aygıtları içeren DDB örnekleri daha az bütçe ile gerçekleştirilebilmektedir. Bu yaklaşımda sistem geliştirme ortamlarına ödenecek lisans ücretleri, donanımsal bileşenlerin maliyetinden daha yüksek olabilmektedir.

2.6. DDB'in Yazılım Mimarisi

Benzetim yazılımı, gerçek zamanlı benzetim sırasında yapılması gereken işlemlere ait program kodlarını içermektedir. Bir DDB uygulamasının yazılımına ait akış diyagramı Şekil 2.3.'de gösterilmektedir.

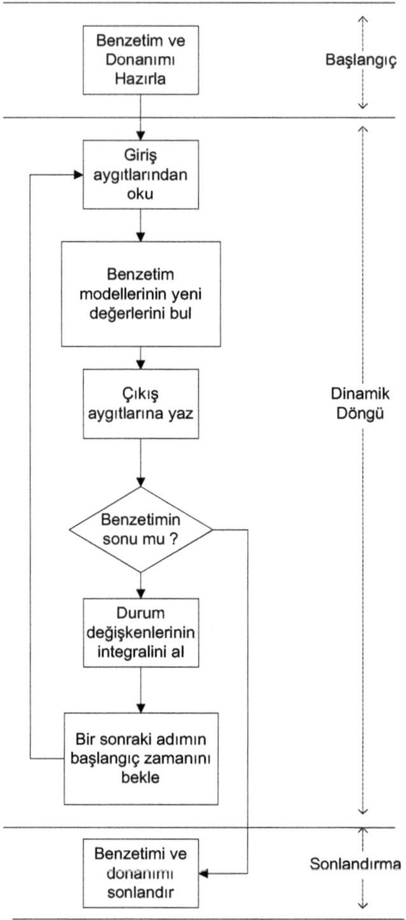

Şekil 2. 3. Bir DDB uygulamasının akış diyagramı

Yukarıdaki akış diyagramında görüldüğü gibi DDB yazılımı üç ana kısımdan oluşmaktadır:

1. Benzetim yazılımının ve harici donanımının hazırlanma safhası
2. Giriş/çıkış sinyallerinin oluşturulmasını, benzetilmiş modellerinin hesaplanmasını ve durum değişkenlerinin integrallerinin alınmasını içeren dinamik bir döngü yapısı

3. Benzetim programının sonunda yazılımın ve harici donanımın sonlandırılması

Dinamik döngünün son aşamasında dâhili bir sayıcının dolması beklenir. Bu sayıcı bir sonraki döngü adımının ne zaman başlayacağını belirlemektedir ve dolayısıyla benzetimin bir adımının çalışma zamanını göstermektedir. Daha önce de değinildiği gibi benzetimin çalışma adımı, modellerin doğruluğu ve integral algoritmaların kararlılığı için yeterince küçük olmalıdır. Ayrıca bu adım büyüklüğü, ADC bloğundaki örnekleme hatasını ve DAC bloğundaki sıfır tutucu hatasını kabul edilebilir kadar küçük seviyelere çekebilmelidir. Bu durumda DAC bloğunda ekstrapolasyon işlemine gerek kalmayacaktır. Aynı zamanda bu adım büyüklüğü bütün hesaplamaların ve giriş/çıkış işlemlerinin tamamının en kötü şartlar altında gerçekleştirilmesi için yetecek kadar da uzun olmalıdır.

Daha kısa zamanlı döngü adımı hesaplama gücünde daha fazla gereksinime neden olur. Bu nedenle benzetilmiş modellerin içyapısında basitleştirmelere gidilerek bilgisayarın iş yükü hafifletilebilir. Ancak bu durumda modellerin gerçekçiliğinden taviz verilmektedir. Eğer mevcut adım büyüklüğü ile hesaplamalar ve giriş/çıkış işlemleri bitirilemiyorsa o zaman benzetimin adım büyüklüğü arttırılmalıdır. Adım büyüklüğü artınca ise benzetimin doğruluğu ve sayısal integral algoritmalarının kararlılığı azalacaktır.

Eğer benzetimin üzerinde çalıştığı bilgisayar hesaplamaları adım büyüklüğü zamanı içerisinde tamamlayamıyor ise adım taşması meydana gelir. Bu durumda benzetim gerçek zaman fonksiyonelliğini yitirir ve daha fazla çalıştırmanın bir anlamı yoktur. Benzetim tasarımcıları bu durum ile baş edebilme yollarını düşünmelidirler. En azından benzetim karşısındaki kullanıcıya durumu bildirecek uyarılar üretebilmelidir. Bunun ardından bu durum ile nasıl başa çıkılacağına dair seçenekler sunmalıdır.

Adım taşmasının kritik olup olmadığı nasıl oluştuğuna ve büyüklüğüne bağlıdır. Eğer adım taşması benzetimin çalışması boyunca sadece bir veya birkaç defa oluşuyorsa etkileri genellikle çok az olacaktır. Ancak burada bahsedilen adım taşmasının davranışı hakkında şu kabul yapılmaktadır; mevcut döngü adımında bitmesi gereken işler bitmemiş ve bir sonraki adım diliminde çok az zamanda bitmiştir ve bu bir sonraki adımda benzetim yine gerçek zamanda çalışmaya başlamıştır. Eğer bu kabulde olduğu gibi adım taşması bir sonraki döngü adımında telafi edilemiyor ve birden fazla döngü adımı kaçırılıyor ise benzetim sonucunda elde edilecek çıktılar doğruluğunu yitirecektir.

Adım taşmaları aslında çalıştırılan benzetimin bilgisayarının donanımsal açıdan sahip olduğu hesaplama sınırına ulaşıldığını göstermektedir. Adım taşmalarını elemine etmek için kullanılan yaklaşımlar aşağıda maddeler halinde verilmiştir:

- Benzetilmiş modellerde kullanılan algoritmaları eniyileyip, benzetimin çalışma hızını arttırmak.
- Benzetimdeki bir veya birkaç modelin karmaşıklığını basite indirgemek ve böylece bunların çalışması için geçen zamanı azaltmak.
- Benzetim işlemcisini daha hızlı bir işlemci ile değiştirmek.
- Eğer problemlere neden olmayacak ise benzetimin çalışma adımı büyüklüğü arttırmak.
- Benzetimi paralel olarak çalışabilecek parçalara bölmek ve bunları işlemcilere dağıtmak.
- Benzetimdeki modellerin adım büyüklüklerini kendilerine özgü belirlemek ve bu sayede bilgisayarın işlem kapasitesini daha verimli kullanmak.

Son seçenek belki de ilk tercih edilmesi gereken yöntemdir.

2.7. Çoklu Adım Büyüklüğü

Bir benzetimdeki bazı alt sistemlerin zaman sabitleri diğerlerine göre oldukça büyük olabilir. Bu durumda benzetimin performansını iyileştirmek için çoklu adım büyüklüğü tekniği kullanılır. Çoklu adım büyüklüğüne sahip bir benzetimdeki alt sistemler farklı çalışma hızlarına sahiptirler. Frekansı en büyük olan yani en hızlı çalışan modelin adım büyüklüğü h_f ile ve diğer modellerin adım büyüklükleri ise $h_1, h_2, ..., h_n$ ile gösterilmektedir. $h_1, h_2, ..., h_n$ değerlerinden her biri aslında h_f ile bir tam sayının çarpımına eşittir. Bu sayede benzetim her bir alt sistemi ilgili adım büyüklüklerinde günceller ve bu alt sistemlerde oluşan verileri ihtiyaç duyduğunda transfer eder.

Eğer benzetimdeki bir model kendisinden daha yavaş çalışan bir modelin çıktılarını girdi olarak alıyorsa bu girişlerin okundukları andaki gerçek değerleri hesaplamak için mutlaka interpolasyon veya ekstrapolasyon yöntemlerinden faydalanmalıdır. Eğer bu teknikler kullanılmazsa hızlı modelin girişleri sadece yavaş çalışan modelin güncellenmesi sırasında değişir ve ortaya merdiven adımları şeklinde bir sinyal çıkar. Bu durumda interpolasyon veya ekstrapolasyon yöntemlerini tercih etmek gerekir. Eğer hızlı çalışan bir modelin çıkışları daha yavaş çalışan bir modelin girişine uygulanıyorsa bu teknikleri kullanmak gerekmez çünkü zaten yavaş modelin güncellendiği anda giriş değişkenleri gerçek değerlerine yani o anda olması gereken değerlerine sahiptir.

2.8. DDB' de Hata Ayıklama ve Entegrasyon

Bir DDB uygulamasında gerçek zamanlı benzetimin üzerinde çalıştığı bilgisayar ile gömülü sistem donanımı birlikte hatasız ve eşzamanlı çalışacak şekilde bağlanmalıdır. Bir DDB geliştirme sürecinde bu işlem, aşılması gereken temel bir problemdir ve doğru planlanıp gerçekleştirilmesi projede büyük gecikmelere ve öngörülmeyen bütçe artışlarına neden olur.

Orta ve büyük ölçekli DDB uygulamalarında analog, dijital, seri veri vb. gibi birçok farklı tipte giriş/çıkış sinyalleri mevcuttur. Entegrasyon aşamasında, benzetim tasarımcısı mutlaka bu giriş/çıkış sinyallerinin doğru iletildiğini bir dizi deneysel test ile doğrulamalıdır. Bu testlerin doğru sonuç verebilmesi için her bir giriş/çıkış sinyalinin aşağıdaki özelliklerinin kontrol edilmesi gerekir.

Doğru Fiziksel Bağlantı: Bütün sinyaller doğru konektörlerin doğru bacaklarına bağlanmış olmalıdır ve gömülü sistem ile benzetimin üzerinde çalıştığı bilgisayarın ilgili giriş/çıkış aygıtı ile arasındaki kablolama işleminin düzgün yapılması gerekir.

Doğru Arayüz Empedansı: Gömülü sistem ile benzetimin üzerinde çalıştığı bilgisayar arasındaki bağlantı, uygunsuz arayüz empedansından dolayı sinyal çarpıtılmamalıdır.

Doğru Kablo Koruması: Sinyal iletişiminde kullanılan kablo ve korumasından dolayı benzetim bilgisayarı gömülü sisteme gürültü aktarmamalıdır ve aynı şekilde benzetimin giriş sinyallerinde de gürültü oluşmamalıdır.

Doğru Sinyal Yorumu: Analog sinyallerde bu durum söz konusudur ve sinyalin doğru bir şekilde ölçeklenmesi gerektiğini ima eder. Dijital sinyaller için bu durum sadece iki olasılıktan yani lojik 1 veya lojik 0 dan ibarettir. Seri veri yolu gibi daha karmaşık sinyallerde daha ayrıntılı yorumlama gerekir.

Entegrasyon testleri sade bir donanım seviyesinde başlar; öncelikle bağlantıların doğruluğundan ve daha sonra giriş/çıkış sinyallerinin gürültü içermediği ve bozulmadığından emin olunur. Sinyallerin her iki tarafta da doğru yorumlandığından emin olabilmek için daha detaylı testler yapılır. Hem gömülü sistem tarafında hem de benzetimin üzerinde çalıştığı bilgisayar tarafında test yazılımları çalıştırılarak sinyallerin hangi seviyede olduklarından ve bu iki sistem tarafından da nasıl yorumlandıklarından emin olmak gerekir. Bu giriş/çıkış test yazılımları üretici firmalardan temin edilmiş gömülü veya klasik test yazılımlarıdır. Genellikle gömülü sistemler için bu tip yazılımlar mevcut değildir. Bu durumda donanımsal olarak bu testlerin gerçekleştirmek ve sonuçları gözlemlemek gerekir.

Sinyal seviyelerindeki yorumlamaların doğruluğundan emin olmadan sistem testlerini çalıştırmak sakıncalıdır. Örneğin bir ADC nin girişindeki ölçekleme katsayısı yüzde birlik bir hata ile belirlenmişse sistem testleri kötü sonuç vermeyecektir çünkü bu hatadan dolayı sistemdeki bazı değişkenlerin değeri olması gerekenden ya çok az fazla ya da çok az eksik olacaktır. Bu hatanın etkileri sisteme geri beslenecektir elbette ancak bu hatanın kaynağını bulmak için bayağı bir gayret sarf etmek gerekir.

Gömülü sistemi benzetim bilgisayarına bağlayan giriş/çıkış sinyallerinin doğruluğundan emin olunduktan sonraki aşama; benzetim ile donanımın bütünleştirilmesidir. DDB gerçekleştirilirken ilk aşamalarda gömülü yazılım sistemi ve bu sistemin çalışacağı ortam tamamen yazılımsal olarak modellenir ve benzetilir. Daha sonra bu benzetim gerçek zamanlı çalışacak şekilde güncellenir. Bundan sonraki makul aşama ise etkileşimsiz tarzda benzetimin çalıştırılmasıdır. Etkileşimsiz tarzda çalışırken tamamen yazılımsal olan benzetim gerçek zamanda çalışır ve ürettiği çıkışları gömülü sisteme iletir. Gömülü sistemin çıkışlarının doğru çalışıp çalışmadığını kontrol etmek için gözlemlenir ancak gömülü sistemin ürettiği çıkışlar benzetime giriş olarak uygulanmaz.

Şekil 2.4. etkileşimsiz tarzda çalışmanın nasıl gerçekleştirileceğini şematik olarak göstermektedir. Bu şemadaki anahtarın pozisyonu değiştirilerek benzetimin girişlerine uygulanan değerlerin yazılımsal gömülü sistemden mi yoksa donanımsal gömülü sistemden mi temin edileceği belirlenir. Aynı zamanda bu yaklaşım gerçek zamanda çalışan benzetimin donanımsal gömülü sistem ile kontrol edildiğinde yazılımsal denetleyiciye göre nasıl farklılıklar doğuracağını da gözlemlememizi sağlar.

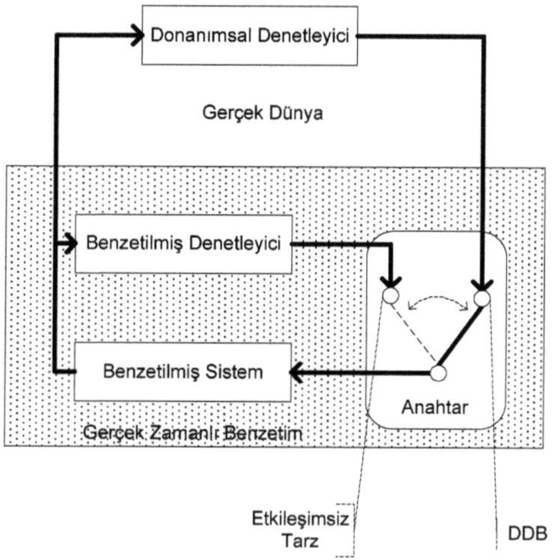

Şekil 2. 4. Etkileşimsiz tarz ve DDB arasındaki geçiş

Etkileşimsiz tarzda çalışırken donanımsal denetleyici kapalı döngü çalışmamaktadır çünkü denetleyicinin ürettiği kontrol çıkışları benzetilmiş sisteme uygulanmamaktadır. Benzetilmiş denetleyici ise gerçek donanımsal denetleyiciyi tam anlamıyla temsil edemez dolayısıyla donanımsal benzetici ile elde edilecek sonuçlar yazılımsal denetleyici ile elde edilecek sonuçlara göre farklılıklar gösterecektir. Ancak en kötü olasılıkla gömülü sistemin benzetilmiş bu ortamda doğru çalışıp çalışmayacağını öğrenilebilinmektedir. Eğer donanımsal denetleyicinin çıkışları ile yazılımsal denetleyicinin çıkışları üst üste çizdirilirse en azından bazı periyotlarda örtüşmeler gözlenmelidir. Donanımsal ve yazılımsal denetleyici arasındaki farkla tahmin edilebilir ve bu tahminler etkileşimsiz tarzda yapılan testler ile doğrulanabilir.

Analog sinyallerdeki ölçekleme veya işaret hataları bu yaklaşımdaki çizdirmeler ile anında gözlemlenebilir. Çizdirilen bu grafikler ile donanımsal denetleyicinin çıkışlarının ne olması gerektiği yorumu doğrudan yapılabilir.

Etkileşimsiz tarzdaki testler başarılı bir şekilde bitirildikten sonra artık donanımsal denetleyicinin kapalı döngü çalıştırılması aşamasına gelinmiş demektir. Şekil 2.4.'deki anahtar DDB moduna getirilince donanımsal denetleyiciyi kapalı döngü çalışmaya başlar. Bu noktaya gelinceye kadar verilen emek ve dikkatlice yapılan testler sayesinde büyük bir olasılıkla kapalı döngü benzetim düzgün bir şekilde çalışacaktır. Bu yaklaşımının kullanılmadığını düşünecek olursak yapılacak ilk sistem testi çok büyük bir olasılıkla anında hata ile kesilecektir ve bu hatanın tespit edilmesi de kolay bir iş olmayacaktır. Bu yaklaşım DDB uygulamalarında hata ayıklama sürecini basite indirgeyen oldukça faydalı bir araçtır. Etkileşimsiz tarz ile kapalı döngü açık hale getirilir ve gömülü denetleyicinin çalışması özel bir test yazılımına ihtiyaç duymadan kontrol edilir.

2.9. DDB Ne Zaman Tercih Edilmelidir?

DDB tekniği özellikle son on yıl içerisinde füze kontrol sistemleri, hava ve uzay araçları gibi çok karmaşık sistemlerin geliştirilmesinde ve test edilmesinde kullanılmaya başlanmış etkili bir araçtır. Bilgisayar sistemlerinin performanslarını artarken maliyetleri düşmektedir ve bu durum DDB tekniğinin kullanıldığı uygulama alanlarının artmasını sağlamaktadır. DDB tekniği ile GKSi geliştirildiği vakit hem maliyet ucuzlamakta hem de zamandan tasarruf edilmektedir.

Eğer bir uygulama aşağıda maddeler halinde verilen özelliklerden birine sahip ise bu uygulamanın DDB tekniği ile gerçekleştirilmesi mantıklıdır ve etkili sonuçlar verecektir.

- Test edilecek GKSindeki hatalar kabul edilemeyecek derecede kötü sonuçlar doğurabilir. Örneğin hava araçları, uydular ve füze sistemleri gibi.
- Eğer test edilecek sistemin çalışma şartları çok fazla ise sistem testleri de çok fazla olacaktır. Bu nedenle DDB tekniği ile bütün çalışma şartları benzetim ortamı içerisinde klasik yönteme göre çok daha az bir çaba ve maliyet ile oluşturulabilir. Örneğin bir otomobilin fren sisteminde kullanılacak bir GKSinin test edilmesi için yüzlerce sürücü profili ve bir o kadar da yol şartlarını oluşturmak gerekir. Ancak bu test ortamlarını gerçek dünyada oluşturmak yerine DDB tekniği ile hazırlamak kıyaslanamayacak kadar avantaj sağlar. Bu nedenle otomobil endüstrisinde DDB tekniği vazgeçilmez bir araç haline gelmiştir ve büyük markaların kullanımına yönelik büyük ölçekli benzeticiler geliştirilmektedir.
- Eğer test koşullarını ikinci bir defa yeniden birebir oluşturmak gerekiyorsa DDB tekniğini kullanmak mantıklıdır. Örneğin GKSlerini geliştirirken regresyon testleri uygulanır. Burada amaç aynı şartlar altında gömülü sistemdeki küçük değişikliklerin sistem çalışmasına nasıl yansıyacağını gözlemlemektir.

- Sistemin geliştirilmesi aşamasında sadece bazı alt bileşenlerin prototip testleri için DDB tekniği kullanılır. Örneğin bir GKSi geliştirilirken ilk başta bütün sistem yerine sadece gömülü işlemciyi test etmek gerekebilir.

Bir projede DDB tekniğinin kullanılıp kullanılmayacağına karar vermek geçiştirilebilecek bir iş değildir ve iyice analiz etmek gerekir. Çünkü bir DDB ortamının tasarımı, geliştirilmesi ve çalıştırılması sistemin karmaşıklığına bağlı olarak oldukça maliyetli ve zaman alan bir süreçtir. Gömülü ürün geliştirme projelerini hazırlanırken bunların test aşamasında DDB tekniği ile sınanması için gerekli olan donanımsal, yazılımsal ve teknik destek iş planı içerisine dâhil edilir.

Bütün bu avantajlarına rağmen DDB tekniği genellikle karmaşık ve dinamik gömülü sistemlerin geliştirilmesinde kullanılmaktadır. Gömülü bir sistemin geliştirme döngüsünü kısalttığı ve piyasaya daha hızlı sunulmasına imkân verdiği için DDB tekniğinin maliyeti pek de göze gelmez. DDB tekniğinin başka bir avantajı ise ortaya çıkacak olan son kullanıcı ürününün çok daha fazla şart altında test edilmesini mümkün kılmasıdır. Eğer DDB ortamı mevcut ise bir gömülü sistemin bakım, onarım ve güncelleme işlemleri daha kolay ve ucuz gerçekleştirilebilir.

2.10. DDB Tekniği İle Bir Bulanık Mantık Denetleyicisinin Test Edilmesi

Bu uygulamada, DDB tekniği kullanılarak bulanık mantık tabanlı çalışan bir denetleyici entegresinin performansı test edilmiştir. Klasik boolean mantığı ile çalışan denetleyicilere göre önemli derecede hız ve kontrol kabiliyeti artışı sağlayan bulanık denetleyicilerin popülerliği artmaktadır. Ancak metodolojik bir geliştirme ve tasarım mevcut olmadığından bu tip denetleyicilerin uzman bil ve tecrübesine bağımlılığı söz konusudur. Bu nedenle geliştirilen denetleyicilerin test aşaması çok önem kazanmaktadır.

Seçilen bulanık denetleyici entegresinin performansını gözlemlemek için; bir masaüstü bilgisayarda, bir DC-motorun modeli nesne tabanlı bir yazılım geliştirme ortamında oluşturulmuştur. Bilgisayar ile bulanık denetleyici entegresinin etkileşimi PC-tabanlı bir veri toplama kartı sayesinde gerçekleştirilmiştir.

Şekil 2.5'de geliştirilen sistemin bir şematik gösterimi verilmiştir. Kullanılan bulanık denetleyici, dahili ADC modülleri ile iki tane analog giriş değişkeni almakta ve bir tane 8-bitlik dijital çıkış değişkeni üretmektedir. Bulanık denetleyici kartı, gerçek DC-motor yerine PC üzerinde geliştirilen benzetim ortamı ile test edilmiştir. Bulanık denetleyicinin hesapladığı anlık gerilim değeri 8-bitlik dijital bir sayı olarak veri toplama kartı ile benzetim ortamına alınmaktadır. Benzer şekilde; motorun referans hız ile arasındaki hata değeri ve bu hatanın değişim değeri, aynı veri toplama kartı üzerinden dış dünyadaki bulanık denetleyiciye iletilmiştir. Bu uygulamada, DC-motorun açısal hız değeri kontrol edilmeye çalışılmıştır.

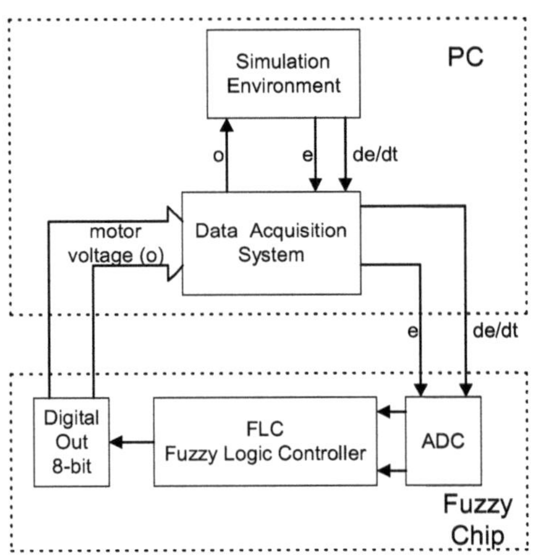

Şekil 2. 5. Geliştirilen DDB sisteminin şematiği

Şekil 2.5.'de görüldüğü gibi denetleyicinin girişleri; hata ve hatanın değişimi, çıkışı ise motora uygulanacak gerilim değeridir. Sistem çalışmasını etkileyen en önemli parametreler: modüllerin örneklem zamanları ve ADC'nin çevrim zamanıdır. Eğer seçilen sistem DC-motor gibi basit bir matematiksel modelden ibaret olmasaydı daha hızlı çalışabilen benzetim ortamına ve fiziksel arayüz bileşenlerine ihtiyaç duyulabilirdi.

Şekil 2.6'da ST*Microelectronics firmasının ST52x420 bulanık denetleyici entegresi ile geliştirilen kontrol kartı gösterilmektedir. Saat, güç ve reset devreleri şekilde gösterildiği gibi oluşturulmuştur. Kart üzerinde iki tane analog giriş ve bir tane 8-bitlik dijital çıkış portu mevcuttur. ST52x420 entegresi, 8-bitlik DualLogic (hem Boolean hem de Fuzzy Lojik) işlem yapabilmektedir. Hafıza kapasitesi ve çevresel birimlerinin özelliklerine bağlı olarak bir çok türevi mevcuttur. Bu entegre üzerinde koşacak yazılımın geliştirilmesi için üretici firma tarafından ücretsiz temin edilen FuzzyStudio ortamı kullanılmıştır. Kod optimizasyonu özelliği olan görsel ve nesne tabanlı bir yazılım geliştirme ortamıdır.

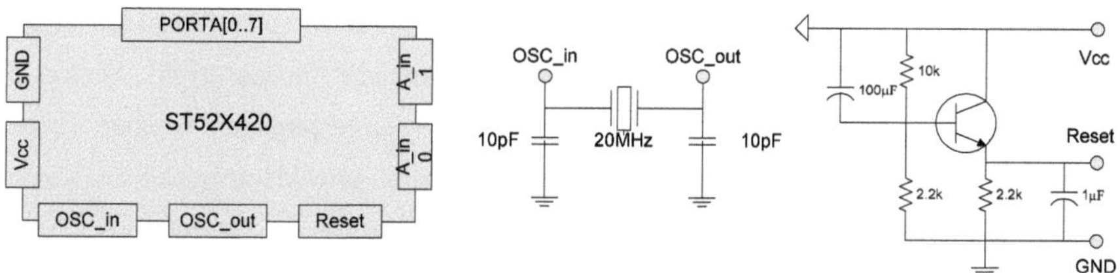

Şekil 2. 6. Bulanık denetleyici kartının donanımsal yapısı

Şekil 2.7.'de daha önce doğruluğu ve performansı denenmiş bir çalışmadan baz alınan bulanık denetleyici mimarisi gösterilmektedir [30]. Aynı mimari ST52x420 entegresi üzerinde oluşturulmuştur. Giriş değişkenleri, normalize edilmiş ve her biri 7 tane üyelik fonksiyonu ile temsil edilmiştir. Dolayısıyla bulanık denetleyicinin 49 (7x7) tane kuraldan oluşan bir kural tablosu mevcuttur (Negative-Big, Negative-Middle, Negative-Small, Zero, Positive-Small, Positive-Middle, Positive-Big). Denklem 2.1.'de mevcut veritabanından alına örnek bir kural gösterilmiştir. Baz alınan bu kuralın nasıl gerçeklendiği ve ne kadar sürede hesaplandığı aşağıda verilmiştir. Bulanık denetleyici kartının tasarımında 20 µHz kristal kullanılmıştır.

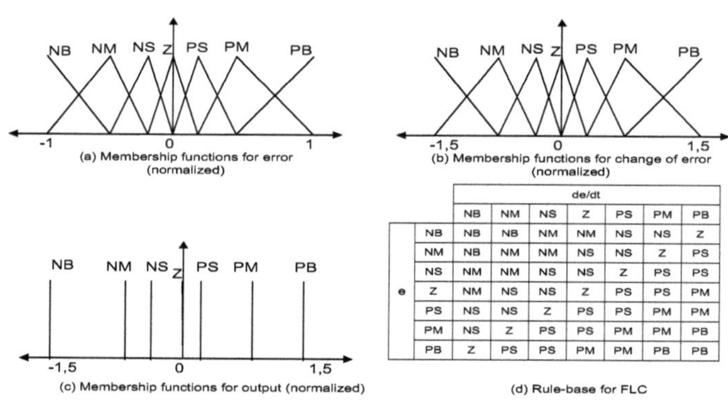

e \ de/dt	NB	NM	NS	Z	PS	PM	PB
NB	NB	NB	NM	NM	NS	NS	Z
NM	NB	NM	NM	NS	NS	Z	PS
NS	NM	NM	NS	NS	Z	PS	PS
Z	NM	NS	NS	Z	PS	PS	PM
PS	NS	NS	Z	PS	PS	PM	PM
PM	NS	Z	PS	PS	PM	PM	PB
PB	Z	PS	PS	PM	PM	PB	PB

(d) Rule-base for FLC

Şekil 2. 7. Tasarlanan bulanık denetleyicinin mimarisi

$$\text{IF } e \text{ is } NB \text{ and } \Delta e \text{ is } NB \text{ THEN } output \text{ is } NB \qquad \textbf{(2.1.)}$$

Denklem 2.1.'de verilen örnek kuralın hesaplanması için yazılan komutların ve bu komutların gerektirdiği cycle sayısı Tablo 2.1.'de verilmiştir. İlk yazılan iki komut ile kuralın şart kısmının üyelik değerleri hesaplanmaktadır. Daha sonra hesaplana bu üyelik değerleri arasında minimum operatörü uygulanmaktadır. Sonuç üyelik fonksiyonun hesaplanan bu değere karşılık gelen kısmı eğim katsayısı ile çarpılarak bulunur. Tablonun son satırında yazılın komut ile de durulandırma işlemi gerçekleştirilmektedir. Komutun çalışması için geçen süre toplam gereken cycle sayısı ile frekans katsayısının çarpımı ile edilir. Bu örnekte toplam süre (29+29+19+16+19)*(1/20) = 5.6 µs olarak bulunur.

Tablo 2. 1. Örnek bir IF-THEN kuralının yapısı

Komut (Tanımlama)	Açıklama	Gereken Cycle Sayısı
LDP 0 1 (*e* değişkenin *NB* üyelik değerinin hesaplanması)	Kuralın ön koşulundaki ilk şartın üyelik değerinin hesaplanması (0 (*e*) is 1(*NB*))	29
LDP 1 1 (Δ*e* değişkenin *NB* üyelik değerinin hesaplanması)	Kuralın ön koşulundaki ikinci şartın üyelik değerinin hesaplanması (1(Δ*e*) is 1(*NB*))	29
FZAND	Iki ön şartın minimum olanının alınması	19
LDK	Hesaplanan değerin yığına atılması	16
CON -1,5	Hesaplanan değerlerin çarpılması, kuralın sonuç kısmı CRISP1(*output*) = -1,5 (*NB*)	19
OUT 0 (Çıkış değişkenin geçerli değerinin hesaplanması)	Bulanık denetleyicinin ilk çıkışının hesaplanması	19

Benzetim ortamı ile kontrol kartı arasındaki etkileşim için Advantech firmasının PCL-816 veri toplama kartı kullanılmıştır (ISA-bus Multifunction Card: 16 DI/16 DO, 16 Diff. AI, 16-bit resolution, 100 KS/s sampling rate, 2 16-bit AO channels). Üzerindeki dijital giriş/çıkış portları, ADC ve DAC modülleri tasarımcı tarafından konfigüre edilebilmektedir.

Benzetim programı ise Delphi ortamında geliştirilmiştir. Şekil 2.8.'de örnek bir referans açısal hız değeri için sistemin ürettiği hız grafiği gösterilmektedir. Bu şekilde görünen ekran çıktısı, tasarlanan benzetim ortamının arayüzüdür.

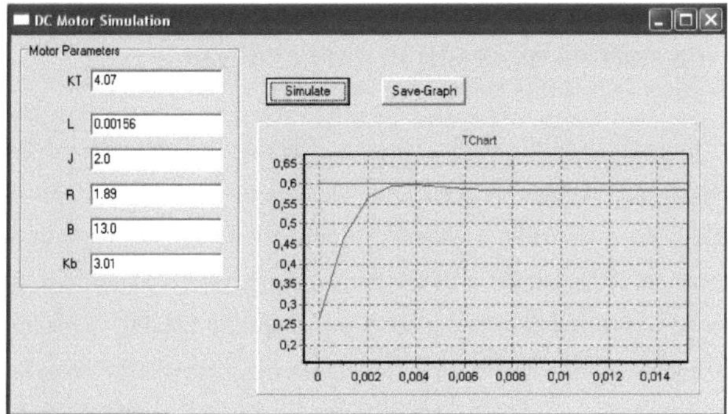

Şekil 2. 8. Benzetim ortamının kullanıcı arayüzü

Şekil 2.8.'de görüldüğü gibi seçilen DC-motorun parametreleri, kullanıcı arayüzünden değiştirilebilmektedir. Ayrıca sistem çalışmasından sonra elde edilen grafikler kalıcı olarak saklanabilmektedir. Seçilen motorun matematiksel ifadesi denklem 2.2.'de verilmiştir. Motorun denklemde gösterilen parametrelerinin değerleri ise tablo 2.2.'de gösterilmiştir.

$$w(n)=\left[2-\frac{(R*J+B*L)*T}{(L*J)}\right]*w(n-1)+\left[\frac{(R*J+B*L)*T}{(L*J)}-1-\frac{(B*R+KT*Kb)*T^2}{(L*J)}\right]*w(n-2)+\frac{KT*T^2}{(L*J)}*V_i \qquad \textbf{(2.2.)}$$

Tablo 2. 2. Benzetilen DC-motorun parametreleri

KT = 4.07;	motor torque constant
L = 0.00156	motor inductance
J = 2.0	motor rotor & load inertia
R = 1.89	motor resistance
B = 13.0	motor/gear/bearing friction
Kb = 3.01	motor back emf constant
T=0.001s	sample interval
w(n)	motor speed at n
V_i	input voltage computed by controller

Bu uygulamada DDB tekniği ile bulanık denetleyicilerin donanımsal tasarımının nasıl gerçeklenebileceği gösterilmiştir. Bulanık denetleyicilerin tasarım süreci için önemli bir materyal olabilecek bu tekniğin kullanılabileceği elde edilen başarılı sonuçlar ile doğrulanmıştır.

3. SAHADA PROGRAMLANABİLİR KAPI DİZİLERİ

Sahada Programlanabilir Kapı Dizileri (SPKD); dijital fonksiyonların donanımsal gerçekleştirilmesi için kullanılan teknolojiye verilen isimdir ve İngilizce kaynaklarda Field Programmable Gate Array (FPGA) olarak geçmektedir [5,37]. İlk başlarda bu teknoloji kısıtlı kapasitesi nedeniyle sadece dijital giriş/çıkışların yazılım yerine donanımsal gerçekleştirmesi için kullanılmaktaydı ve beklendiği üzere hız artışı sağlamaktaydı [38,39]. Günümüzde ise bu teknoloji gösterdiği hızlı gelişimin sonucu olarak birçok alanda farklı amaçlarla rahatça kullanılabilmektedir. Bu tez çalışmasında ise FPGA teknolojisi, benzetilecek sistem modelinin donanımsal gerçekleştirilmesi için kullanılmıştır. Bahsedilen modelleme işlemi ile ilgili detaylar bir sonraki bölümde ayrıntılı olarak verilmiştir. Bu bölümde ise sadece FPGA teknolojisi ve ilgili veri yapısı üzerinde yapılan bir optimizasyon algoritması incelenmiştir [34,35,36].

Dijital mantığın donanımsal olarak gerçekleştirilmesi için kullanılan entegreler ve aygıtlar Şekil 3.1'de görüldüğü gibi sınıflandırılabilir. TTL veya CMOS ailesine mensup tümleşik entegreler, dijital lojiğin bilinen standart gerçekleştirme yöntemidir. Bu entegreler üretici firma tarafından belirlenen sabit bir fonksiyonu yerine getirirler ve kullanıma hazır halde piyasaya sunulmaktadırlar. Tasarımcı bir devre gerçekleştirebilmek için bu entegrelerin farklı fonksiyonellikteki örneklerinden birkaç tanesini bir araya getirmelidir. Uygulamaya Özgü Tümleşik Devreler (Application Specific Integrated Circuits-ASICs), Karmaşık Programlanabilir Lojik Cihazlar (Complex Programmable Logic Devices-CPLDs) ve Sahada Programlanabilir Kapı Dizileri (Field Programmable Gate Array-FPGAs) ailelerine ait entegre devrelerin içerisindeki fonksiyonlar tasarımcı tarafından belirlenir. Üretici firmalar bu entegrelerin programlanmasını yani icra edecekleri fonksiyonların belirlenmesini kullanıcılara bırakmışlardır. Bu nedenle bu entegreler programlanabilir teknolojiler ile üretilmektedirler. Bunlar içerisinde uygulamaya özgü tümleşik devreler (ASICs) diğerlerinden farklı olarak ek bir üretim aşaması gerektirirler ve bu aşama üretici firma tarafından kullanıcının belirlediği şekilde gerçekleştirilir. CPLD ve FPGA entegrelerinin fonksiyonları ise sadece kullanıcı tarafından yapılan programlama işlemine bağlıdır.

Şekil 3.2.'de bu teknolojilerin maliyet ve performans karşılaştırmaları yapılmıştır. Tamamen özgün entegrelerin üretiminde kullanılan Çok Büyük Ölçekli Entegre (Very Large Scale Integrated-VLSI) teknolojisi, transistör seviyesinde ürün geliştirme süreci gerektirir ve doğal olarak tasarım ve test işlemleri yıllarca sürebilir. Böyle pahalı bir geliştirme süreci sadece sektördeki en büyük entegrelerin tasarımında kullanılır. Örneğin kişisel bilgisayarlarda kullanılan hafıza ve işlemci entegreleri bunlar arasındadır.

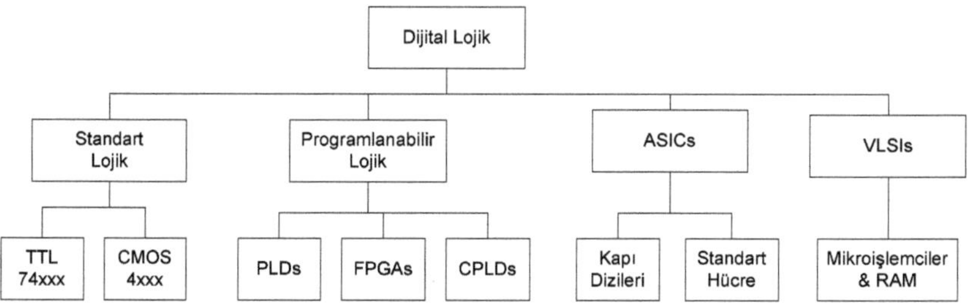

Şekil 3. 1. Dijital Lojik Teknolojileri

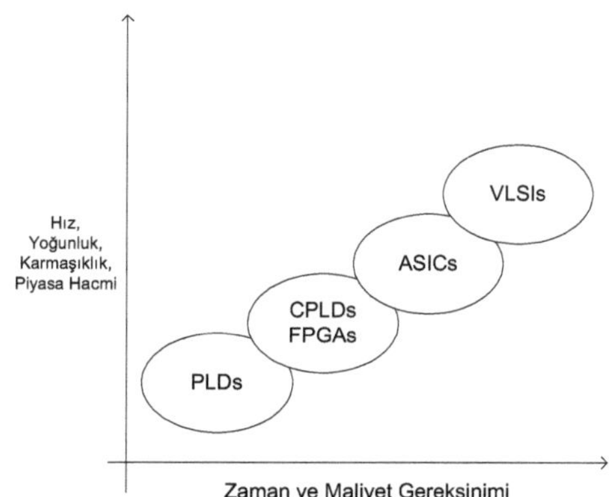

Şekil 3. 2. Dijital Lojik Teknolojilerinin Karşılaştırılması

ASIC entegreleri Kapı Dizileri, Standart Hücre ve Planlanmış olmak üzere üç alt kategoriye ayrıştırılabilir. Kapı Dizileri fabrika üretimi olan lojik hücrelerin bir araya getirilmesiyle oluşturulur. Bu hücrelerin her birisinin içyapısı birkaç lojik kapı ve bir flip-flop tan ibarettir. Kapı Dizilerindeki bu lojik hücre havuzunun içerisindeki ara bağlantılar için fabrika ortamında yapılması gereken son bir final aşaması mevcuttur. Bu entegrelerin fonksiyonelliğini belirleyecek olan bu ara bağlantılar tasarımcı tarafından uygulamaya özgü belirlenir. Standart hücre kategorisindeki entegrelerin içyapısı sabit değildir. Bu entegrelerde üretici firma özel bir fotoğrafik maske katmanı üretir ve tasarımcı burada hangi bileşenlerin kullanılarak entegrenin oluşturulacağına karar verir. Örneğin denetleyiciler, aritmetik birimler, hafıza birimleri ve mikroişlemciler üretici firmaların kütüphanelerinde geniş ürün yelpazeleri ile yer almaktadır. En gelişmiş kategori olan Planlanmış entegre ailesi ise kapı dizilerine benzer ancak daha fazla lojik bileşen içeren hücrelerden oluşmaktadır. Aynı amaç için kullanılabilecek ASIC ve FPGA entegre çözümleri arasında seçim yapmak, bu bölümün devamında bahsedilen bazı kriterlere bağlıdır.

ASIC entegrelerin özel bir fabrikasyon aşaması içermesi ürün geliştirme sürecinin maliyetinin ve gerçekleme süresinin artmasına neden olur. ASIC entegrelerin tasarımı milyon dolarları dahi bulabilir. Fabrika aşaması bittikten sonra ortaya çıkan ürün kullanıcı tarafından test edilmelidir. Olabilecek tasarım hataları ekstra zaman ve maliyet doğuracaktır. Kullanım süresi uzun olan büyük çaplı entegreler için bu yaklaşım, FPGA ve CPLD yaklaşımlarından daha iyi sonuç verir. ASIC, CPLD ve FPGA aileleri arasındaki maliyet ve performans kıstasları, geliştirilen yeni entegreler ve araçlar ile hızlıca değişmektedir.

Programlanabilir Lojik Devreler (PLD), programlanabilir lojik teknolojinin en sade halidir ve otuz yılı aşkın süredir kullanılagelmektedir. Şekil 3.3'de küçük ölçekli bir PLD devresi örneği gösterilmektedir. Öncelikle lojik ifade en aza indirgenir ve çarpımların toplamı biçiminde yazılır. Örnekteki PLD'nin A, B, C ve D olmak üzere dört tane girişi vardır ve bu girişlerin her biri birer tersleyici elemana girilerek girişlerin değil halleri de elde edilir. Denklemdeki çarpım ifadelerinin her biri birer tane çok girişli VE kapısı ile gerçekleştirilir. İki tane VE kapısını çıkışı ise bir tane VEYA kapısı ile birleştirilir yani toplanmış olur.

Yollardaki kısa devre ifadeleri ilgili çıkışların lojik kapılara giriş olarak uygulandığını göstermektedir. Bu durumda VE kapılarının 8 tane ve VEYA kapılarının ise 2 tane girişlerinin bulunması gerekir. Bütün giriş sinyalleri ve bu sinyallerinin değil halleri VE kapılarına giriş olarak uygulanabilir. Kapı girişlerinin her birine ait birer tane sigorta elemanı vardır. Başlangıçta bütün sigortalar sağlamdır. PLD programlanarak yani belirlenen sigortalar devre dışı bırakılarak arzu edilen lojik denklem gerçekleştirilir. Şekil 3.3'de üstteki VE kapısının girişlerinden A ve B ye ait olan sigortalar devrededir. Dolayısıyla bu VE kapısının çıkışında AB çarpım ifadesinin lojik sonucu oluşur. Alttaki VE kapısı ise çıkışında $C\overline{D}$ sonucunu oluşturacak şekilde girişlerdeki sigortalar ayarlanmıştır. VEYA kapısının girişindeki iki sigorta da aktif ayarlandığı için bu kapının çıkışı $F = AB + C\overline{D}$ olur. VEYA kapısının çıkışı bir flip-flop bileşenine aktarılır ve bu sayede bu tutulan TTL değeri bir başka lojik kapının girişine uygulanabilir. Bir PLD entegresi içerisinde VE/VEYA kapılarından bir ağ oluşturulmuş haldedir.

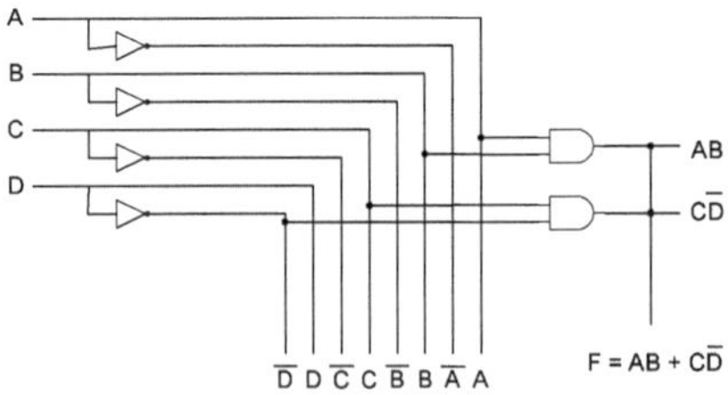

Şekil 3. 3. Örnek bir PLD Devresi

Son zamanlarda programlanabilir lojik teknolojisine ait ürünler yüksek yoğunluklu, yüksek hızlı ve ucuz maliyetli olduklarından çok daha fazla tasarım uygulamasında ve farklı alanlarda kullanılmaktadır. CPLD ve FPGA aileleri en yaygın olan ve en çok gelişim gösterenleridir. Bu entegre aileleri ile yapılacak çözümler sadece birkaç haftalık uğraş gerektirir. Bu aileler bazı kaynaklarda ortak bir aile olarak (FPLD) kabul edilmektedirler.

ASIC ve Tamamen Özgün entegre ailelerinin ürünleri daha hızlı clock ihtiva ederler çünkü FPGA lerdeki gibi programlanabilir ara bağlantı gecikmeleri söz konusu değildir. Zaten bütün bağlantılar donanımsal olarak fabrika ortamında belirlenmiştir. Dolayısıyla daha küçük bir alan içerisinde tasarlanabilip daha az güç tüketmektedirler. Çok sayıda üretildikleri zaman birim maliyet fiyatları da FPGA lere göre daha ucuza gelebilmektedir. Ancak hazırlanmaları ve test edilmeleri için gereken çaba ve maliyet FPGA ürünlerine göre çok yüksektir.

Zamanın kritik olduğu (gerçek-zamanlı) uygulamalarda genellikle CPLD ve FPGA çözümleri tercih edilmektedir. Clock frekansları 50-400 MHz arasındaki FPGA entegreleri arzu edilen performansları sunabilmektedirler. Yeni nesil FPGA entegrelerinde bu rakamlar GHz mertebelerindedir ve bu hızlarda giriş/çıkış yapabilmektedirler.

3.1. CPLD ve FPGA

İçyapılarını incelediğimizde aslında hem CPLD lerin hem de FPGA lerin benzer olduğunu görürüz. Programlanabilir lojik eleman veya hücre diye isimlendirilen temel bir blok ve bu blokların birçoğunun bir araya gelerek oluşturduğu bir yapı mevcuttur. Bu bloklar arasındaki bağlantılar da programlanabilir haldedir. Temel lojik hücre içerisinde birkaç tane lojik kapı ve bu kapıların çıkışlarının bağlı olduğu bir veya iki tane flip-flop mevcuttur. Bu lojik elemanlar, entegre içerisinde matris biçiminde yerleştirilmiştir. Eğer gerçekleştirilecek lojik fonksiyon bir hücrenin içerdiği elemanlar ile mümkün değilse birden fazla hücre birbirlerine bağlanır. Zaten genelde bir hücre ile gerçekleştirilebilecek kadar basit fonksiyonlar için tercih edilmeyen entegrelerdir. Hücrelerin birbirlerine bağlanmasını sağlayan programlanabilir bu yapıya ara bağlantı ağı denir. Bu ağ hem CPLD hem de FPGA entegrelerinde bulunmaktadır. Bu ağ sayesinde entegre boyunca herhangi bir satır veya sütunun bir lojik eleman ile bir diğerinin bağlantısı sağlanır. Genelde ise hücreler kendilerine en yakın komşuları ile programlanabilir ara bağlantı içerirler. Sınırlı bir uzaklıktaki komşular ile bir hücrenin bağlantısı kısa mesafeli olacağından bağlantı hızı yüksek olacaktır.

Bir tasarım, entegrenin limitlerini zorlarsa ortaya içerdiği kapı, ara bağlantı ve giriş/çıkış pinleri açısından tamamen tüketilmiş CPLD veya FPGA yapısı çıkar. CPLD entegreleri daha hızlı ve zaman karakteristiği bakımından daha tahmin edilebilir olmasına rağmen FPGA entegrelerinin kapı yoğunluğu ve ekstra özellikleri tercih nedenidir.

Büyük ölçekli bir FPGA entegresinde clock sinyallerin entegre geneline yayılması için zaman gecikmesi çok düşük olan genel clock iletim tampon hatları kullanılır. Bu iletim hatları sadece bu amaçla kullanılan yüksek hızlı donanımsal yollardır. Bu özel yollar sayesinde entegredeki bütün flip-flop lara clock iletimi en az gecikme ile sağlanır. Eğer bu özel tampon yapıları olmazda clock sinyalleri diğer normal sinyaller gibi tüm entegre genelinde taşınmaya çalışılır ve bu durumda entegrenin farklı yerlerindeki flip-flop ların clock kaynakları arasında büyük zaman farklılıkları ortaya çıkar. Entegrenin ara bağlantı ağına bağlı olarak flip-flop ların her birinin clock gecikmesi farklılık gösterecektir. Bu gecikmeler flip-flop ların yükleme ve tutma zamanlarını ihlal eder. Bu nedenle bu hafıza elemanları kararsız ve tahmin edilemeyen bir çalışma karakteristiği gösterirler. Bu istenmeyen durumun önlenmesi için büyük tasarımlarda FPGA entegrelerinde global clock dağıtımı için bahsedilen özel iletim hatları kullanılmaktadır.

CPLD ve FPGA entegrelerinin kapasitesi içerdikleri kullanılabilir kapı sayısı ile ifade edilir. Bu sayı entegre içerisindeki maksimum VE DEĞİL kapı sayısıdır. Bu sayı aslında entegrenin kapasitesi hakkında kabaca yapılan bir yorumdur.

Bu teknolojinin önde gelen iki üreticisinden biri olan Altera firmasına ait bir adet CPLD ve bir adet FPGA entegresinin içyapısı bu bölümün devamında incelenmiştir. Altera ve diğer lider üretici firma olan Xilinx'in bir çok değişik biçimde paketlenmiş ürünleri mevcuttur. PGA paketleme şeklinde 0.1" ve PQFP biçiminde ise 0.05" pin aralıkları kullanılır. Paketleme biçimi FPGA entegrelerin maliyetinin büyük bölümünü oluşturur. FPGA entegresindeki giriş/çıkış pinlerinin sayısı gerçekleştirilebilecek tasarımın limitlerini belirler. Seramik paketlenmiş olan entegrelerdeki pin sayısı plastik paketlenen entegrelerinkinden fazla ve pahalıdır.

3.2. Altera MAX 7000S Mimarisi – Çarpım Terimli CPLD Entegresi

MAX 7000S serisi CPLD entegreleri içerisinde 600 ile 20.000 adet arasında kapı mevcuttur. Bu entegre içerisinde EEPROM teknolojisi mevcuttur ve bu sayede elektriksel olarak içerideki düzenek programlanabilir. EEPROM teknolojisinden dolayı gücü kesildiği vakit içerideki yapılandırma resetlenir.

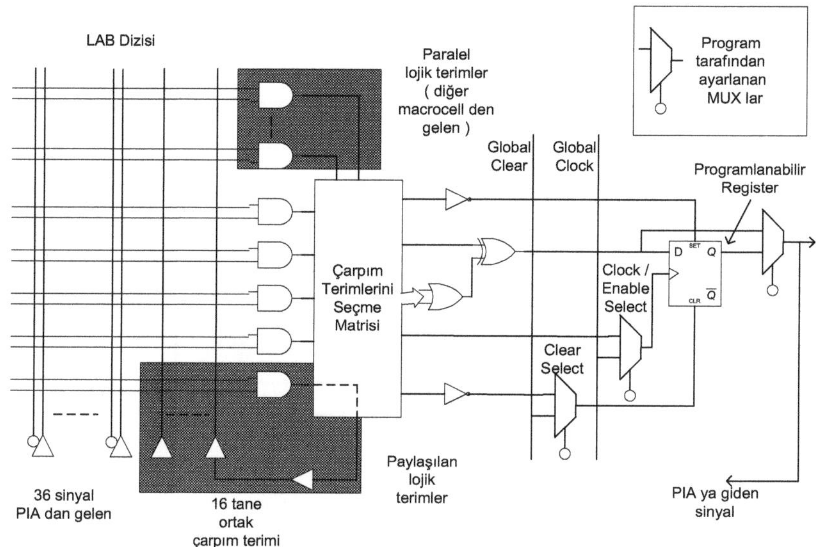

Şekil 3. 4. MAX 7000 serisi bir macrocell'in iç yapısı

7000 serisi entegreler içerisinde 32 ile 256 arası macrocell içermektedir ve her bir macrocell in iç yapısı Şekil 3.4.'de gösterildiği gibidir. İlk PLD lere benzer şekilde her bir macrocell in içerisinde beş tane programlanabilir çok girişli VE kapısı ve bunların çıkışlarının bağlı olduğu bir VEYA kapısı mevcuttur. PLD lerde anlatıldığı gibi bu yapı, bir lojik fonksiyonu çarpımların toplamı şeklinde gerçekleştirir. VE kapısı girişlerinin hem normal halleri hem de değil halleri mevcuttur. Eğer beş taneden fazla çarpım ifadesi içeren bir lojik fonksiyon ise komşu macrocell lerden gelen ve expanders olarak isimlendirilen lojik girişlerden de faydalanılabilir.

VE/VEYA kapılarının çıkışları programlanabilir bir flip-flop u besler. Entegrenin tamamına yayılmış olan programlanabilir ara bağlantı ağı sayesinde diğer macrocell lerden gelen girişler VE kapılarına uygulanabilir. Macrocell içerisindeki flip-flop un enable, clear, bypass ve preset girişleri mevcuttur ve ayrıca flip-flop un hangi tipte olacağı (D tipi, Toggle, JK veya SR tipi) da programlanabilir.

Macrocell ler 16'lık gruplar haline getirilmiştir ve bu gruplar lojik dizi blokları olarak adlandırılır (Logic Array Block-LAB). Entegre içerisinde LAB lar Şekil 3.5.'de gösterildiği gibi yayılmıştır. Entegre içerisinde herhangi bir giriş/çıkış pininden veya bir LAB den bir diğerine olan bağlantı programlanabilir ara bağlantı ağı ile sağlanır. Bütün giriş/çıkış pinleri programlanabilir üç durumlu çıkış tamponlarına sahiptir. Bir FPGA entegresinin giriş/çıkış pinleri ise giriş, çıkış, üç durumlu sürücü çıkış ve hatta üç durumlu çift yönlü giriş/çıkış olarak davranabilmektedirler.

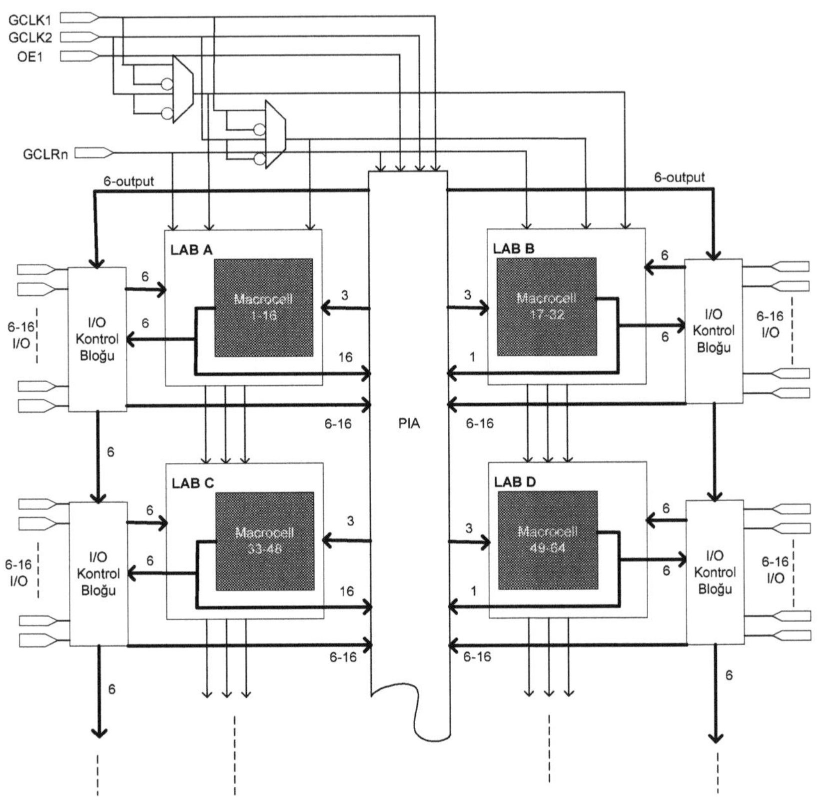

Şekil 3. 5. MAX 7000 CPLD Mimarisi

3.3. Altera Cyclone Mimarisi – Look-up Tablolu FPGA Entegresi

Cyclone serisi FPGA entegreleri, dâhili SRAM hafızasına yüklenen program ile yapılandırılırlar. Bu entegrelerde SRAM hafıza kullanıldığı için besleme gücü kesildiği anda yapılandırma seçenekleri de kaybedilecektir. Gerçek sistemlerde ise düşük maliyetli harici flash hafızalar veya PROM entegreleri kullanılır. Bu sayede sistem her başlangıçta gerekli yapılandırma bilgilerini bu kalıcı hafızalardan okuyacaktır.

FPGA entegreleri satır ve sütunlardan oluşan bir tablo biçimindedirler. Bu matris formunda ara bağlantı ağı sayesinde bütün LAB lar ve gömülü elemanlar arasında iletişim sağlanır. Ara bağlantı ağındaki gecikmeler lojik gerçekleme gecikmeleri ile aynı büyüklüktedir.

Bu entegreler içerisindeki her bir LAB, 10 tane lojik eleman (LE) içermektedir. Her bir lojik eleman ise kullanıcı tarafından tanımlanan basit lojik fonksiyonları yerine getirebilecek kapasitededir. LAB yapıları ise bütün entegre alanı boyunca satır ve sütunlar halinde yayılmıştır. Cyclone serisi FPGA entegrelerinde 2.910 ile 20.060 arası LE mevcuttur.

M4K RAM gömülü sistem blokları, 4K bitlik eşlikli bilgi saklayabilecek çift yönlü hafıza bloklarıdır. Bu hafıza blokları hem okuma hem yazma modunda çalışabilen 36 bit band genişliğine sahip ve 200 MHz hızı destekleyen gömülü elemanlardır. Bu elemanlar gruplanmış olarak sütunlar halinde bütün entegre alanına ve her biri bir LAB çifti arasına gelecek şekilde yerleştirilmiştir. Cyclone EP1C6 ve EP1C12 sırası ile 92K ve 239K bitlik gömülü RAM elemanları ihtiva ederler.

Entegrelerin dört bir etrafında satır ve sütun sonlarına yerleştirilmiş olan giriş/çıkış elemanları tarafından beslenen pinler mevcuttur. Bu giriş/çıkış pinleri, single-ended veya differential gibi değişik giriş/çıkış standartlarını desteklerler. Her bir giriş/çıkış elemanında bir tane çift yönlü tampon ve giriş, çıkış ve çıkış-aktif için üç tane kaydedici bulunur.

Cyclone entegrelerde düşük hatalı global bir clock ağı ve en az iki tane Phase Locked Loop (PLL) elemanı bulunmaktadır. Global clock ağı, entegre geneline yayılmış durumda bulunan sekiz adet clock hattından ibarettir. Bu ağ sayesinde entegre içerisindeki giriş/çıkış elemanlarına, lojik elemanlara ve hafıza elemanlarına gerekli olan clock kaynağı tedarik edilmiş olur. Cyclone PLL elemanları ise mevcut clock girişine çarpma, bölme ve faz kaydırma işlemleri uygulayarak yüksek hızda genel amaçlı yollarda kullanılabilecek gecikmesiz bir clock üretir.

Şekil 3.6.'da Cyclone serisi entegrelerde kullanılan bir lojik elemanın (LE) içyapısı gösterilmektedir. Lojik kapılar, look-up tabloları (LUT) ile gerçekleştirilir. Bir LUT yüksek hızlı 16x1 lik bir SRAM ile oluşturulmuştur. Bu LUT hafızasının adreslenmesi için dört bitlik adresleme girişi kullanılır. Programlama aşaması sırasında istenilen kapı ağının oluşturulması için gereken LUT içeriği SRAM hafızasına yazdırılır. Bir LUT elemanı tek başına dört girişli ve bir çıkışlı herhangi bir kapı ağını gerçekleştirebilir. Şekil 3.6.'da yer alan bütün seçiciler FPGA'in yapılandırma SRAM'inde yer alan kontrol bitleri ile belirlenirler.

Şekil 3.7.'de bir LUT elemanının bir kapı ağını nasıl modelleyeceği gösterilmektedir. Öncelikle istenilen kapı ağı bir doğruluk tablosu haline dönüştürülür. Dört girişli ve tek çıkışlı bir ağ olacağı için doğruluk tablosu 16 satır ve her bir satırda dört giriş bir çıkış değişkeni olan bir tablodur. Doğruluk tablosu oluşturulduktan sonra bu tablo programlama aşamasında LUT'in 16x1 lik yüksek hızlı SRAM'ine yazılır.

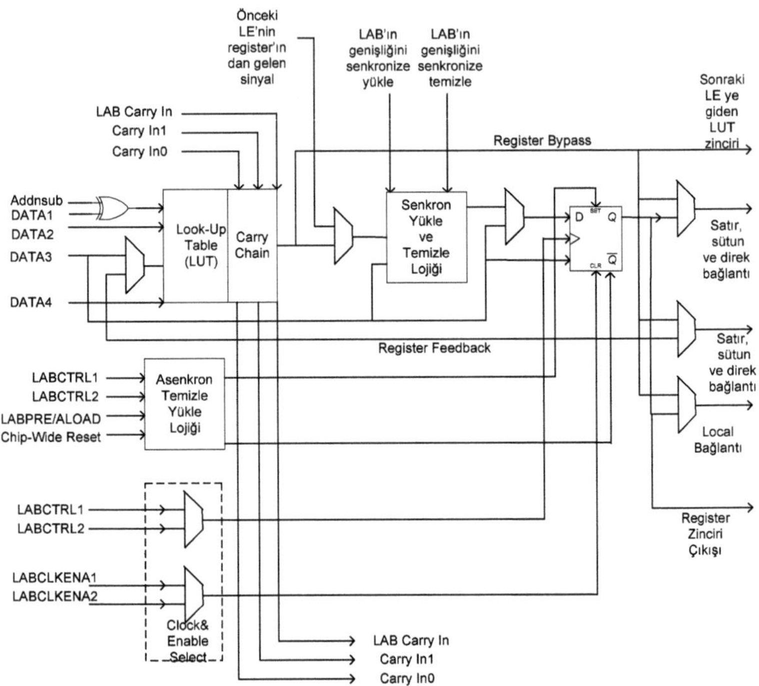

Şekil 3. 6. Cyclone serisi FPGA'lerdeki Lojik Eleman (LE) Mimarisi

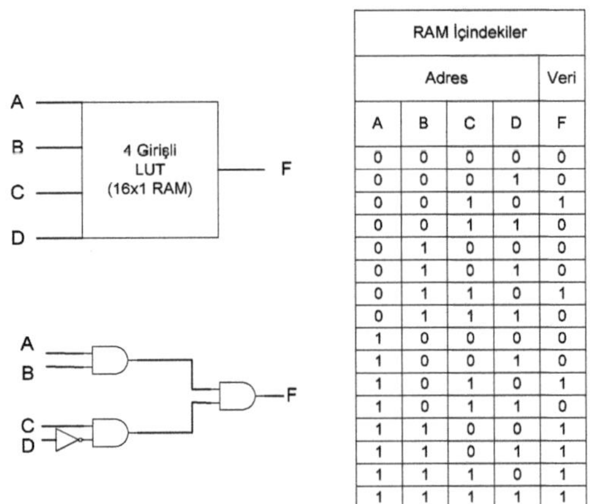

RAM İçindekiler				
Adres				Veri
A	B	C	D	F
0	0	0	0	0
0	0	0	1	0
0	0	1	0	1
0	0	1	1	0
0	1	0	0	0
0	1	0	1	0
0	1	1	0	1
0	1	1	1	0
1	0	0	0	0
1	0	0	1	0
1	0	1	0	1
1	0	1	1	0
1	1	0	0	1
1	1	0	1	1
1	1	1	0	1
1	1	1	1	1

Şekil 3. 7. Örnek bir LUT ve eşdeğer lojik devresi

Klasik A,B,C ve D olarak isimlendirilen kapıların lojik girişlerin hafıza elemanının adresleme hatlarına bağlanır. Fonksiyonun lojik çıkış değişkeni olan F ise yine LUT'in hafızasında saklanır. Bu bağlamda bir LUT'in hafızası gerçek lojik kapıların yerine kullanılır hale gelmiş demektir.

Daha karmaşık kapı ağları gerektiğinde komşu lojik elemanlar ile ara bağlantı yapılır. LUT elemanının çıkışı D tipi bir flip-flop u besler. Clock, Clear ve Preset değerleri dahili lojik ile veya harici giriş/çıkış pinleri ile gerçekleştirilebilir. Ayrıca bu flip-flop un tipi (D, T, JK veya SR) de programlama aşamasında belirlenir. Elde ve taşma bitleri ile bir satırdaki bütün lojik elemanlar birbirlerine bağlanırlar.

Şekil 3.8. bir Lojik Dizi Bloğunun (Lojik Array Block-LAB) yapısını göstermektedir. Bir LAB, on tane lojik elemanın (LE) bir araya gelmesi ile oluşur. LAB elemanları için programlanabilir hem yerel ara bağlantı hem de entegre geneli için global ara bağlantı ağı bulunur. Elde bitleri sayesinde yüksek hızlı toplama işlemleri gerçekleştirilir.

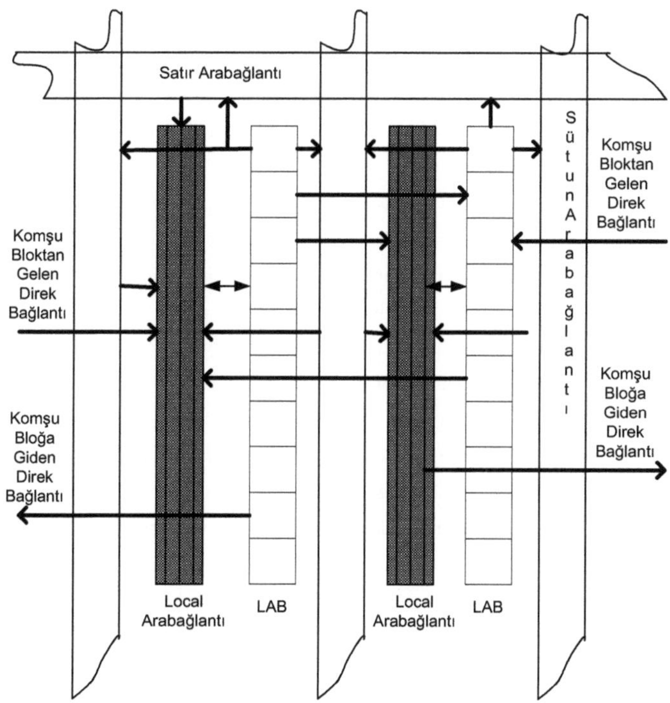

Şekil 3. 8. Cyclone serisi LAB ve Arabağlantıları

Entegrenin her bir giriş/çıkış pininin önüne birer tane giriş/çıkış elemanı yerleştirilmiştir. Giriş/çıkış elemanları içerisinde birer tane programlanabilir üç durumlu sürücü ve opsiyonel bir bitlik flip-flop bulunur. Bu sayede her bir giriş/çıkış pini giriş, çıkış veya üç durumlu sürücü çıkış olarak çalışır. Hatta istenirse bir giriş/çıkış pini çift yönlü üç durumlu ve kaydedicili bir hale getirilebilir. Clock giriş/çıkış pinleri ise entegre geneline yayılmış olan sekiz adet global clock iletim hattına bağlıdır.

3.4. Programlanabilir Lojik Teknolojisindeki Bilgisayar Destekli Tasarım Araçları

Dijital tasarım süreci, modellerin karmaşıklaşması ve kapı yoğunluğunun artmasına bağlı olarak gelişmektedir. TTL 74XX serisi gibi eski teknolojiye ait entegreler ve basit PLD entegreler güncel dijital tasarımlarda çok nadir kullanılmaktadır. Bir FPGA entegresi 10.000.000 a yaklaşan lojik kapı kapasitesi ile karmaşık bir tasarımda kullanılırken düşük seviyeli manuel bir gerçekleme neredeyse imkânsız hale gelir. Donanımsal Tanımlama Dili (Hardware Description Languages-HDL), hazır çekirdekler (Intellectual Properties-IP) ve lojik sentezleme araçları klasik manuel tasarım yerine şematik tasarımı mümkün kılar. HDL tabanlı bu yeni sentezleme araçları hem ASIC hem de FPGA entegreleri için kullanılmaktadır. Günümüzde en yaygın olarak kullanılan HDL dilleri VHDL ve Verilog'tur.

Bir FPGA tasarımının bilgisayar destekli olarak hangi aşamalardan geçtiği Şekil 3.9.'da gösterilmektedir. HDL veya şematik ile tasarımdaki modeller tanımlandıktan sonra bilgisayar destekli bu araçlar ile oluşturulan tasarım otomatik olarak optimize edilir, sentezlenir ve bir bağlantı listesi (netlist) haline dönüştürülür. Burada telaffuz edilen netlist lojik bir diyagramın bir text dosyası halinde kaydedilmesini sağlayan formattır. Büyük ölçekli tasarımlarda benzetimleri hızlandırmak için sentezleme aşamasından önce fonksiyonel bir ön benzetim aşaması kullanılır.

Tasarım aşamasından sonraki adım otomatik bir araç ile oluşturulan bağlantı ağının FPGA entegresine yüklenecek hale getirilmesidir. Tasarlanan modeller belirtilen FPGA entegresindeki lojik elemanlara ve gömülü kaynaklara göre düzenlenir. Bu elemanlar arasındaki ara bağlantıların yapısal bilgisi de yine bu aşamada gerçekleştirilir. Elemanlarının entegre genelinde yerleştirileceği konumlar ve aralarındaki ara bağlantıların nasıl olacağı bu araçlar sayesinde birkaç dakika içerisinde bilgisayar ile hesaplanmış olur. Büyük ölçekli FPGA entegrelerinde elemanların nasıl yerleştirileceği ve nasıl bağlanacaklarına dair kombinasyonlar fazla olacağı için bu araçlar ile hepsinin analiz edileceği garanti edilemez. Eğer tasarım içerisinde zaman kritik olan sinyaller mevcut ise bu durumda zaman analiz araçları kullanılır. Gerçek zamanlı uygulamalarda bütün sinyallerin ne kadar gecikme ile oluşacağından emin olmak gerekir. Zaman gereksinimleri bir bakıma kombinasyonların kısıtlanması anlamına gelir ve daha iyi performans elde edilir.

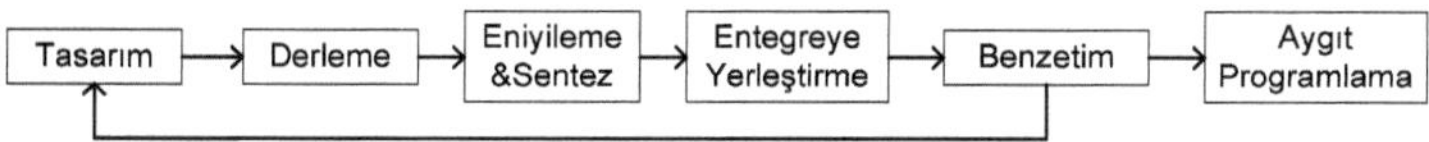

Şekil 3. 9. FPGA için kullanılan bilgisayar destekli tasarım araçlarının akış şeması

Elemanların FPGA entegresine yerleştirilmesi ve ara bağlantı yönlendirmesi yapıldıktan sonra tasarımın benzetimi, gerçek zaman gecikmeleri göz önüne alınarak gerçekleştirilebilir. Çünkü entegreye bağlı olarak gerçek kapı gecikmelerinin ve ara bağlantı gecikmelerinin ne kadar olacağı bilgisi analiz araçlarından elde edilebilir. Benzetim aşamasına gelinceye kadarki aşamalarda da hatalar gözlemlenebilir ancak en düzgün yol benzetim sonuçlarında hatayı aramaktır. Benzetim aşamasından sonraki final aşaması ise FPGA entegresinin programlanması ve entegrenin kullanılacağı devrede donanımsal doğrulamanın yapılmasıdır.

3.5. OKFDD Veri Yapısının Optimizasyonu

İngilizce açılımı Ordered Kronecker Functional Decision Diagram (OKFDD) olan bu veri yapısı dijital fonksiyonların bir çizge şeklinde ifade edilmesini sağlar. Herhangi bir dijital fonksiyona karşılık gelen birden fazla OKFDD çizgesi mevcuttur. Bu noktada amaç en az düğüm ile fonksiyonu ifade edebilmektir. Çünkü çizge oluşturulduktan sonra düğümlerin yerine lojik kapılar bırakılarak fonksiyonun dijital gerçeklemesi yapılmaktadır.

Bu tez çalışmasında yapılan temel iyileştirmelerden biri de FPGA için kullanılan OKFDD veri yapısının bir yapay zeka algoritması olan "Klon Seçme Algoritması (Clonal Selection Algorithm-CSA)" ile optimize edilmesidir. Bir OKFDD çizgesinin boyutu kritik bir faktördür çünkü bu çizgedeki her bir düğüme karşılık bir AND, XOR veya NOT kapısı ihtiva eden lojik elemanlar kullanılır. Bu çalışmada, CSA algoritması herhangi bir OKFDD çizgesini otomatik olarak minimum düğüm ile oluşturmak için kullanılmıştır. Bu çizgenin oluşturulması için değişken sırası (DS) ve veri tipi listesinin (VTL) belirlenmesi gerekir. Eğer çizgenin bu özellikleri düzgün seçilmezse gereğinden fazla sayıda düğüm kullanmak gerekmektedir.

OKFDD veri yapısı, bilgisayar destekli tasarım araçları tarafından dijital fonksiyonları etkili bir şekilde temsil etmek ve kullanmak üzere önerilmiş etkili bir yöntemdir. İsminden de anlaşılacağı üzere sıralı ikili karar ağaçlarının (Ordered Binary Decision Diagram) ve sıralı fonksiyonel karar ağaçlarının bir araya getirilmesi sonucu oluşur. Bu birleşme sonucunda iki veri yapısının tek başına temsil edemeyeceği daha karmaşık fonksiyonlar rahatça OKFDD ile temsil edilebilmektedir. Bu veri yapısının değişken sırası ve veri tipi listesi olmak üzere iki temel özelliği mevcuttur ve bu özellikler çizgenin yapısını belirlemektedirler. Çizge içerisindeki düğüm sayısı bu özelliklere bağlı olarak doğrusal veya üssel değişim gösterebilmektedir. Ancak bu özelliklerin belirlenmesinde izlenen bir metodolojik yöntem yoktur ve bu özellikleri tanımlamak oldukça karmaşık bir NP-problemdir. Bu nedenle daha önce uygulanmamış sezgisel bir yöntem, bahsedilen bu problemin çözümü için tez çalışmasının teorik bir iyileştirmesi olarak uygulanmıştır.

Literatürde ilk olarak bu problemin çözümü için dinamik değişken listesi diye isimlendirilen deterministik bir yöntem denenmiş ve başarılı sonuçlar elde edilmiştir [35]. Ancak bu yöntemin gerçekleştirmesi çok uğraş ve zaman gerektirdiği için bunun yerine aynı araştırmacılar tarafından sezgisel bir yöntem olan genetik algoritmalar kullanılmıştır. Benzer şekilde bu tez çalışmasında önerilen optimizasyon uygulamasında klon seçme algoritması olarak isimlendirilen ve genetik algoritmaya göre üstünlükleri olan bir sezgisel yöntemin nasıl sonuçlar doğuracağını inceledik.

Yapay bağışıklık algoritmaları, genetik algoritmalarda ve yapay sinir ağlarında olduğu gibi biyolojik sistemlerden esinlenerek ortaya çıkarılmış güncel hesaplama teknikleridir. Mühendislik problemlerinin çözümünde kullanılan bu tekniklerin temel prensibi; doğadaki canlıların biyolojik savunma mekanizmalarının modellenmesi ve algoritmik hale getirilmesidir. Son on yıl içerisinde bu düşünce birçok değişik alanda farklı problemlerin çözümüne adapte edilmiştir [36].

Optimizasyon problemlerinde kullanılacak sezgisel yöntemlerin seçimi problemlerin temel karakteristiklerine ve doğasına özgüdür. Arama uzayının kodlanması, uygunluk fonksiyonunun belirlenmesi ve mutasyon operatörünün bulunması bakımından yapay bağışıklık algoritmaları ile genetik algoritmalar benzerlik göstermektedirler. CSA algoritması ile arama uzayında optimum noktalarına ulaşmak genetik algoritmalara göre daha hızlıdır. Ayrıca örüntü tanıma, bilgisayar ve ağ güvenliği, dinamik görev programlama alanlarına temel karakteristiklerinden dolayı daha yatkındır. Yapay sinir ağlarında olduğu gibi hafıza ve öğrenme özellikleri mevcuttur. Kısacası; sezgisel yöntemlerin algoritma yapıları hangi problemlerde daha özgün ve etkili sonuçlar vereceklerini belirlemektedir.

3.5.1. Problemin Tanımlanması

Yapılması gereken ilk iş; OKFDD veri yapısının nasıl tanımlandığı ve bu veri yapısını kullanarak dijital fonksiyonların donanımsal olarak nasıl oluşturulduğu sorularına cevap vermektir.

KFDD veri yapısı bir çizgedir ve bu çizgedeki her bir düğüm aşağıda listelenen üç veri tipinden sınıfından birine ait olmak zorundadır. f fonksiyonu keyfi bir Boolean (B) fonksiyondur ve $f : B^n \rightarrow B$ şeklinde $X_n = \{x_1, x_2, ..., x_n\} \in B^n$ değişken kümesi üzerinde tanımlıdır.

$f = \overline{x_i} f_i^0 + x_i f_i^1$	Shannon	(S)
$f = f_i^0 \oplus x_i f_i^2$	Positive Davio	(pD)
$f = f_i^1 \oplus \overline{x_i} f_i^2$	Negative Davio	(nD)

Eğer yukarıda tanımlanan çizge sıralı ise OKFDD olarak isimlendirilir. $f_i^0(x) = f(x_1, x_2, ..., x_{i-1}, 0, x_{i+1}, ..., x_n)$ ifadesi f fonksiyonunun $x_i = 0$ değerine karşılık gelen cofactor sonucunu göstermektedir ve benzer şekilde f_i^1 ise $x_i = 1$ için oluşan sonucu gösterir. f_i^2 notasyonu $f_i^2 = f_i^0 \oplus f_i^1$ şeklinde hesaplanır ve $\oplus$ operatörü ise XOR kapısına karşılık gelmektedir.

Bu bilgiler ışığında bir OKFDD çizgesindeki veri tipi listesi $d = (d_1, d_2, ..., d_n)$ şeklinde tanımlanır. Burada $d_i \in \{S, pD, nD\}$ ve bütün d_i ler ilgili x_i değişkeninin veri tipini belirtmektedir.

Şekil 3.10'da $f = x_1x_2 + x_3$ fonksiyonu için tanımlanmış OKFDD örnek çizgeleri ve bu çizgelerden türetilmiş AND, OR ve NOT kapılarından oluşan donanımsal gerçekleme gösterilmektedir. Bu dönüşümün nasıl gerçekleştiği Becker'ın çalışmasında ayrıntılı olarak izah edilmiştir.

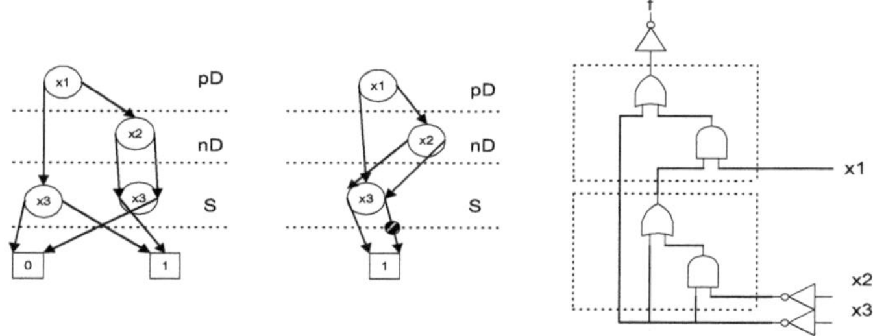

Şekil 3. 10. $f = x_1x_2 + x_3$ fonksiyonu için OKFDD örnekleri ve donanımsal karşılıkları

OKFDD çizgesinin boyutunun veri tipi listesinden ve değişken sırasından nasıl etkilendiğini göstermek için aşağıda iki tane örnek dijital fonksiyon verilmiştir. İlgili şekillerde kullanılan ağaç gösterimlerinde her bir düğümün sağ aygıtı ilgili x_i değişkeninin lojik 1 olduğu durumda dallanılacak alt ağacı ve benzer şekilde sol aygıtı ise değişkenin lojik 0 olduğu durumda dallanılacak alt ağacı göstermektedir. Şekil 3.11.'de $f = \overline{x_1}.\overline{x_3} + \overline{x_2}$ fonksiyonu için üretilmiş iki adet OKFDD veri yapısı gösterilmektedir. Ancak sağdaki OKFDD için seçilen veri tipi listesi soldakinden daha iyi sonuç vermiştir. Toplamda dört tane yerine üç tane düğüm ile aynı lojik fonksiyon ifade edilebilmiştir. Bir başka deyişle soldaki OKFDD'yi oluşturan veri tipi listesi bu fonksiyon için sağdaki kadar uygun değildir.

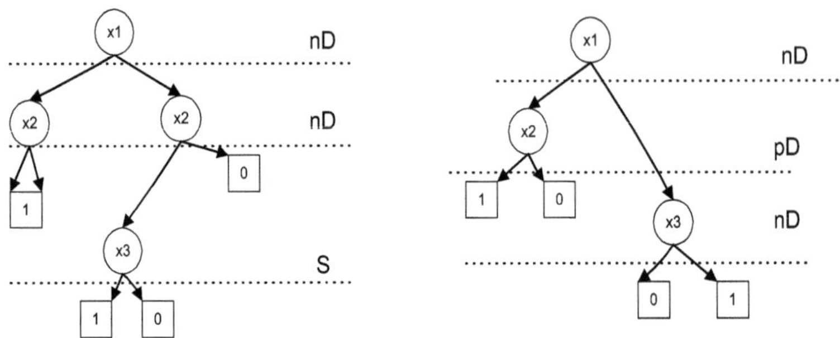

Şekil 3. 11. $f = \overline{x_1}.\overline{x_3} + \overline{x_2}$ fonksiyonu için farklı veri tipi listeleri ile elde edilen OKFDD yapıları

OKFDD çizgelerinin boyutunu etkileyen ikinci özellik olan değişken sırası seçimine ait örnek Şekil 3.12.'de gösterilmektedir. $f = x_1x_2 + x_3x_4 + x_5x_6$ fonksiyonu için bir tarafta $x_1x_2x_3x_4x_5x_6$ değişken sırası ile OKFDD oluşturulurken diğer tarafta $x_1x_3x_5x_2x_4x_6$ değişken sırası tercih edilmiştir. Bunun sonucunda her iki çizge de aynı fonksiyonu temsil etmesine karşın soldaki çizge sadece 6 tane düğüm içerirken sağdaki kötü tasarım toplam 14 tane düğüm içermektedir. Çünkü seçilen değişken sırası bu fonksiyon için hiç uygun değildir.

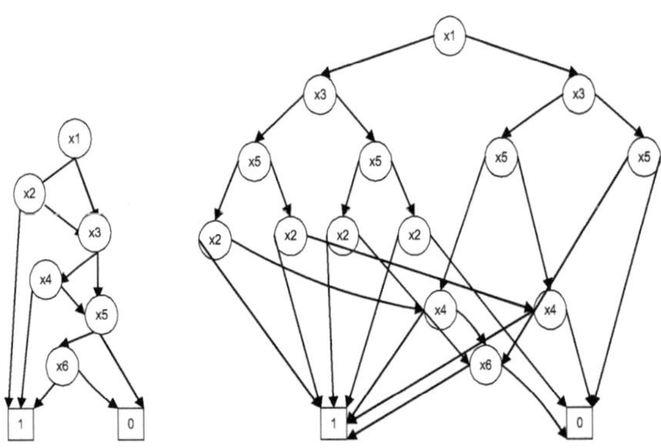

Şekil 3. 12. $f = x_1x_2 + x_3x_4 + x_5x_6$ fonksiyonu için farklı iki değişken sıralı OKFDD çizgeleri

3.5.2. CSA Optimizasyon Algoritması

Bu çalışmada, yapay bağışıklık sistemi algoritmalarından CSA algoritması bir OKFDD çizgesini minimum düğüm içerecek şekilde otomatik olarak oluşturmak için kullanılmıştır. CSA algoritması ile OKFDD çizgesinin VTL ve DS özellikleri optimimum olarak ayarlanmaktadır. Aşağıda bir CSA algoritmasının aşamaları verilmiştir. Ayrıca buna karşılık gelen akış diyagramı ise Şekil 3.13.'de gösterilmektedir. Bu aşamaların her biri daha önce Castro'nun çalışmalarında ayrıntılı olarak da tanımlanmıştır [35].

1) Bir önceki iterasyondan kalan (Pr) aday çözüm kümesi ile yeni oluşturulan (M) çözüm kümesini birleştirerek P popülasyonunu oluştur (P = Pr + M).

(2) Uygunluk ölçümüne dayalı olarak popülasyon içerisindeki en iyi n tane bireyi belirle (Pn).

(3) Bu n tane en iyi birey içerisinde uygunluk fonksiyonuna bağlı olarak bir klonlama işlemi gerçekleştir ve yeni bir C kümesi elde et.

(4) Oluşan C kümesini yine uygunluklarına bağlı olarak mutasyona tabi tut ve (C^*) kümesini elde et.

(5) C^* kümesindeki uygunluğu iyileşmiş aday çözümler ile M kümesini birleştir. P kümesindeki uygunluğu düşük bireyler ile C^* kümesindeki bireylerin iyilerini yer değiştir.

(6) Eğer istenen sonlandırma kriterleri sağlanmıyorsa, aday çözümleri içeren P kümesine yeni bireyler ekle ve algoritmaya ilk adımdan itibaren devam et.

Yukarıda aşamaları verilen CSA algoritmasının performansı diğer sezgisel yöntemlerde de olduğu gibi tasarımcı tarafından belirlenen bazı parametrelere bağlıdır. Bu parametreleri tanımlayan bir methodoloji yoktur. Benzer durum, genetik algoritmalarda, bulanık sistemlerde ve yapay sinir ağlarında da söz konusudur. Bir CSA algoritmasının düzgün çalışabilmesi için tasarımcı aşağıda maddeler halinde verilen parametreleri uygun tanımlayabilmelidir.

- Popülâsyonun boyutu
- Uygunluk fonksiyonunun belirlenmesi
- n değerinin belirlenmesi
- Mutasyon olasılığının belirlenmesi
- Yeniden üretme olasılığının belirlenmesi
- Sonlandırma kriterlerinin belirlenmesi

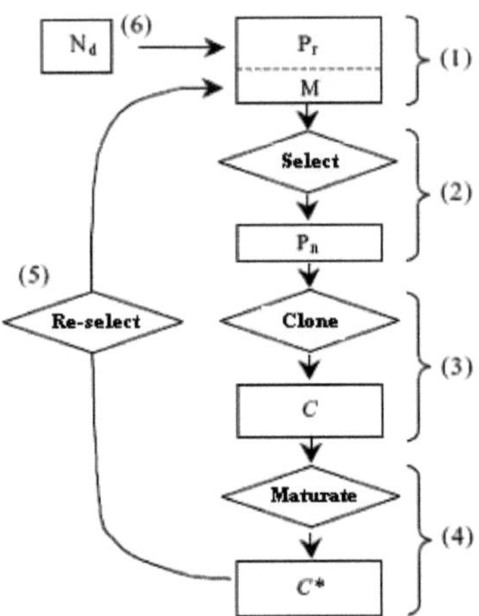

Şekil 3. 13. CSA algoritmasının akış diyagramı

CSA algoritmasının yukarıda bahsedilen OKFDD veri yapısı optimizasyonu problemine nasıl uygulandığının daha iyi anlaşılması için örnek bir lojik fonksiyon olan dört değişkenli $f = x_1x_2 + x_3x_4$ fonksiyonu seçilmiştir.

Algoritmadaki ilk aşama; aday bir çözümün bir klon içerisine nasıl kodlanacağını belirlenmesi ve daha sonra bu klonlardan belli sayıda içeren rasgele bir başlangıç popülasyonunun üretilmesidir. Şekil 3.14.(c)'de görüldüğü gibi bir klon üç temel bloktan oluşmaktadır: değişken sırası, veri tipi listesi ve komşuluk listesi. Bu klon kodlamasının nasıl yapıldığı (b)'de ve buna karşılık gelen OKFDD çizgesi ise (a)'da gösterilmektedir. DS ve VTL özelliklerinin ne anlama geldiği yukarıda açıklanmıştı, komşuluk listesinin ne olduğu hakkındaki bilgi ise şu şekildedir; n tane değişken söz konusu ise bu listenin boyutu $2*(2^n - 1)$ olarak hesaplanır. Dolayısıyla bu örnek fonksiyon için komşuluk listesinin boyutu 30 olacaktır. Herhangi bir düğümün sol ve sağ komşularının hangi düğümler olduğu bu listede mevcuttur. Ayrıca sol ve sağ komşuları terminal düğümler (0* ve 1*) de olabilmektedir. i.inci düğümün sol aygıtının bağlı olacağı komşusu ne olacağı, bu komşuluk listesinde $2*i-1$ inci sırada ve sağ komşusu ise $2*i$ inci sırada yazmaktadır. Herhangi bir düğümün sol ve sağ komşuları, o düğümün bulunduğu seviyenin alt seviyelerinden olmak zorundadır. Aksi halde ağaç yapısı bozulup döngüler meydana gelir.

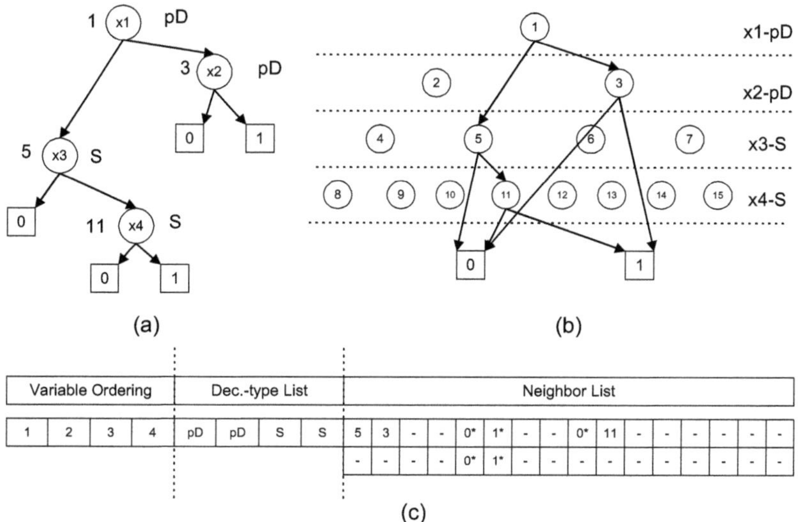

Şekil 3. 14. Örnek bir klon ve kodlaması

Bir klon içerisindeki bütün değerler ikili sayı sisteminde ifade edilmiştir. Denklem 3.1.'de n yerine 4 konulursa yukarıdaki örnek klon için 136 bit gerektiği bulunacaktır. İlk terim değişken sırası için gereken bit sayısını ifade etmektedir. Benzer şekilde ikinci terim veri tipi listesi için ve son terim ise komşuluk listesi için gereken bit sayılarını gösterir.

$$size = n * \log_2(n) + n * 2 + 2 * (2^n - 1) * \log_2(2^n - 1) \qquad \textbf{(3.1)}$$
$$n = 4 \rightarrow \lfloor 4 * \log_2 4 + 4 * 2 + 2 * (2^n - 1) * \log_2(2^n - 1) \rfloor = 136$$

Her bir iterasyonda hangi klonların hayatta kalacağına dair kararlar uygunluk ölçümlerine dayalı olarak verilir. Bir klonun uygunluğunu ölçmek için iki özelliğine bakılır: OKFDD çizgesinin doğruluğu ve boyutu. Eğer rasgele üretilen bir klon istenen fonksiyona eşdeğer değil ise uygunluğu zaten sıfıra yakın olmalıdır. Eğer aday OKFDD'yi temsil eden klon doğru ise bu defa içerdiği düğüm sayısına bakılır. Bu kriteri ön plana çıkarmak için Denklem 3.2. kullanılmıştır. Bu denklemdeki C sabiti olabilecek maksimum düğüm sayısını göstermektedir.

Uygunluk (x) = C – Düğüm_sayisi (x) **(3.2)**

Algoritmamızdaki seçme yöntemi ise genetik algoritmada çoğunlukla tercih edilen rulet tekerleği yöntemidir. Bir klonu kopyalamak tahmin edileceği gibi popülasyon havuzuna aynısından bir tane daha yerleştirmektir. Mutasyona uğratmak için ise yine klasik olarak rasgele bitlerinin durum değiştirmesi sağlanır. n parametresinin seçimi ise bu algoritmanın istenen çözüme ne kadar sürede ulaşacağını belirler. Diğer bir deyişle yakınsama hızını ifade eder.

3.5.3. Deneysel Sonuçlar

Önerilen optimizasyon yöntemi ile daha önce denenen sezgisel yöntemleri karşılaştırmak için PUMA ve TUDD paketlerinin temini sağlanmıştır. Ancak her iki paketi de Linux çekirdeklerinin değişik sürümlerindeki hatalardan dolayı derlenememiştir. Çünkü bu paketler oldukça eski sürümler altında geliştirilmiştir. Ayrıca daha önceki araştırmacılardan temin edilen wld paketi hâlihazırdaki Linux sürümleri altında sorunsuz çalışmaktadır ama bu paket ise word seviyesinde tasarım için olduğundan bit tabanlı OKFDD çizgesi için yapılan geliştirmeler ile karşılaştırmak mümkün olmamıştır. Bunların yerine "Microelectronics Center of North Carolina (MCNC)" tarafından dağıtılan test ve ölçüm amaçlı veri kümeleri kullanılmıştır. Bu veri kümelerinde değişik lojik fonksiyonlar ve bu fonksiyonlara ait doğruluk tabloları mevcuttur. Aynı alanda yapılmış daha önceki çalışmalarda da bu veri kümesinin eski sürümleri benzer şekilde baz alınmıştır. Tablo 3.1.'de önerilen optimizasyon algoritmasının 4 değişik test fonksiyonu için performansı gösterilmektedir. Aşağıda verilen performans tablosundaki veriler, MATLAB ortamında geliştirilen bir test ortamında elde edilmiştir.

Tablo 3. 1. Değişik test fonksiyonları için önerilen yöntem ile elde edilen sonuçlar

Test Fonksiyonu (Benchmark)	Görevi	Giriş Sayısı	Çıkış Sayısı	Yaklaşık Kapı Sayısı	CSA ile Elde Edilen Kapı Sayısı
9symml	Birleri saymak	9	1	43	19
alu2	ALU	10	6	335	119
f51ml	Aritmetiksel	8	8	43	28
frg1	Lojik	28	3	105	76

4. ÜÇ FAZLI ASENKRON MOTORUN FPGA İLE MODELLENMESİ

DDB tekniği ile GKS lerinin daha ucuz ve risksiz olarak denetlenebilmesi için benzetilmiş sistemin olabildiğince gerçek sistem karakteristiği göstermesi gerekmektedir. Bir benzetim programının ve bu benzetim programını oluşturan modellerin temsil ettikleri gerçek sistem ile eşdeğer olabilmesi için en kritik faktör çevrim zamanlarının aynı olmasıdır. Bu nedenle DDB tekniği çoğunlukla gerçek zamanlı olarak tasarlanmaktadır. Ancak bir benzetimin gerçek zamanlı çalıştırılabilmesi için gereken işlem gücü ve hızı, modellenen sistemin karmaşıklığına bağlı olarak artmaktadır. Bu çalışmada kullanılacak olan üç fazlı asenkron motor modeli gibi elektriksel sistemlerin modellenmesi oldukça zordur [9,27]. Çünkü temsil edilecek olan sistem mekanik değil elektriksel olduğundan yüksek bir işlem gücü gerekmektedir [28,29]. Klasik masaüstü bilgisayarlarda genel amaçlı işletim sistemleri ile bunu başarmak günümüz itibari ile mümkün değildir. Bu gibi durumlarda tercih edilecek çözüm; DSPACE vb. lider geliştirici firmaların piyasada bulunabilecek pahalı simülatör seçenekleridir. Ayrıca uygulama gereksinimlerine bağlı olarak ek donanımsal kartlar da satın almak gerekebilir. Bunların yanı sıra bu simülatörlerin geliştirme ortamları ve analiz yazılımları da maliyeti arttırmaktadır.

Modelleme ve benzetim için yüksek işlem gücü ve hızı gerektiren uygulamalarda FPGA kullanılabileceği düşüncesi, tezin önemli katkılarındandır [2,40]. Bu teknolojide başlangıçta kapasite sorunu yaşandığından, uygulamalarda sadece küçük çaplı fonksiyonları yerine getirebilmekte idi. Örneğin bir dijital giriş/çıkış ünitesi (PWM encoder veya decoder gibi) hiçbir yazılım bileşeni kullanmadan sadece FPGA entegresi ile donanımsal olarak yapılmaktaydı. Ancak günümüzde bu teknolojiye ait olan entegre aileleri gittikçe genişlemekte ve bir çok uygulamada tek başına yeterli olabilecek hale gelmektedir [10,11].

Geliştirilen DDB uygulamasında; modellenen ve gerçek zamanlı benzetimini koşturulan sistem üç fazlı asenkron bir motordur. DDB uygulamasında benzetim sisteminin gerçek zamanlı çalışabilmesi için üç fazlı asenkron motor modeli, FPGA ile gerçeklenmiştir. Bu gerçeklemenin performans değerlendirmesi için ise üç fazlı asenkron motorun MATLAB gerçeklemesindeki sonuçları baz alınmıştır. Bu nedenle bu bölümün ilk başlığı altında; bahsedilen sistemin matematiksel modelinin MATLAB/Simulink gerçeklemesi üzerinde durulmuştur. Daha sonra bu modelin FPGA ile nasıl gerçeklendiği irdelenmiştir. Bölümün sonunda ise önerilen sistem ile referans alınan sistemin grafiksel karşılaştırmaları verilmiştir.

4.1. Üç Fazlı Asenkron Motorun Matematiksel Modeli

Önerilen sisteme geçmeden önce üç fazlı asenkron bir motorun referans alınabilecek bir modelinin nasıl türetildiği ve matematiksel denklemlerin MATLAB/Simulink ortamında nasıl gerçeklendiği gösterilmiştir [6,13]. Referans alınan model; Şekil 4.1.'de stator ve rotor bağlantılarının eşdeğer devreleri ile gösterilen üç fazlı, P-kutuplu, simetrik bir asenkron motordur. Gösterilen eşdeğer devrelerde öncelikle stator ve rotor sargılarının girişine uygulanan gerilim değerlerini göz önüne alınmıştır. Stator uçlarına uygulanan v_{ag}, v_{bg} ve v_{cg} gerilim kaynakları dengelenmiş veya sinüsoidal olmak zorunda değildir. Gösterilen bağlantı için stator fazlarındaki gerilim değerleri denklem 4.1. – 4.3. ile ifade edilir.

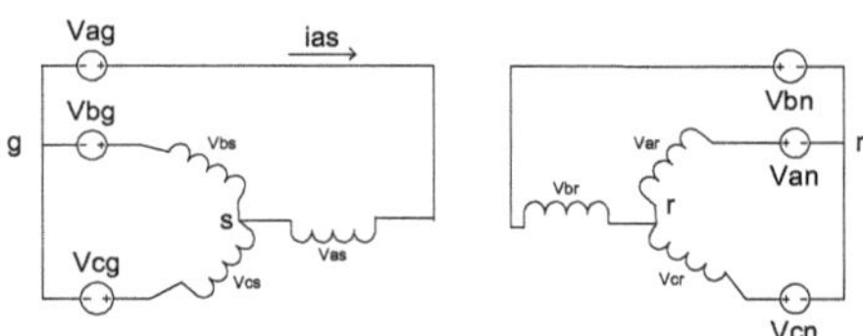

Şekil 4. 1. Stator ve rotor bağlantıları

$$v_{as} = v_{ag} - v_{sg}$$
$$v_{bs} = v_{bg} - v_{sg} \qquad \textbf{(4.1)}$$
$$v_{cs} = v_{cg} - v_{sg}$$

veya

$$3v_{sg} = (v_{ag} + v_{bg} + v_{cg}) - (v_{as} + v_{bs} + v_{cs}) \qquad \textbf{(4.2.)}$$

Yukarıdaki şekilde gösterilen faz akımlarını kullanarak v_{sg} gerilim değeri denklem 4.3.'de gösterildiği gibi hesaplanabilir.

$$v_{sg} = R_{sg}(i_{as} + i_{bs} + i_{cs}) + L_{sg}\frac{d}{dt}(i_{as} + i_{bs} + i_{cs}) = 3\left(R_{sg} + L_{sg}\frac{d}{dt}\right)i_{0s} \qquad \textbf{(4.3)}$$

R_{sg} ve L_{sg} notasyonları, s ve g noktaları arasındaki direnç ve indüktans değerlerini sembolize etmektedir. Aslında s noktası doğrudan g noktasına bağlı ise empedansı sıfır olacağından v_{sg}

değeri de doğal olarak sıfır çıkacaktır. Denklem 4.3.'de belirtildiği gibi kaynak ve faz gerilimlarının sıfır eksenlerinin her ikisi de sıfıra eşit ise; simetrik bir asenkron motor dengeli bir besleme kaynağı ile sürülüyor demektir. Böyle bir düzenli çalışma ortamında $(v_{as} + v_{bs} + v_{cs})$ toplamı sıfıra eşit olacaktır. Eğer girişe uygulanan gerilim değeri sinüs değil de altı-adımlı bir inverter ise sıfır ekseninin gerilim değeri sıfır olmayabilir. Bu durumda denklem 4.3. kullanılır.

Modelin çalışması için gerekli olan ilk aşama; statorun fazlarına uygulanan besleme gerilimlerinin qd0 eksen dönüştürmeye tabi tutulmasıdır. Bu aşamayı gerçekleştirmek için denklem 4.4.'deki matematiksel dönüşümler yapılır.

$$\begin{aligned} v_{qs}^{s} &= \frac{2}{3}v_{ag} - \frac{1}{3}v_{bg} - \frac{1}{3}v_{cg} - v_{sg} \\ v_{ds}^{s} &= \frac{1}{\sqrt{3}}\left(v_{cg} - v_{bg}\right) \\ v_{0s} &= \frac{1}{3}\left(v_{ag} + v_{bg} + v_{cg}\right) - v_{sg} \end{aligned} \qquad \textbf{(4.4)}$$

Benzer şekilde rotorun besleme gerilimleri için qd0 eksen dönüşümleri denklem takımı 4.5 ile gerçekleştirilir:

$$\begin{aligned} v_{qr}^{r} &= \frac{2}{3}v_{an} - \frac{1}{3}v_{bn} - \frac{1}{3}v_{cn} - v_{rn} \\ v_{dr}^{r} &= \frac{1}{\sqrt{3}}\left(v_{cn} - v_{bn}\right) \\ v_{0r} &= \frac{1}{3}\left(v_{an} + v_{bn} + v_{cn}\right) - v_{rn} \end{aligned} \qquad \textbf{(4.5)}$$

Şekil 4.2.'de yukarıda anlatılan eksen dönüşümlerin grafiksel gösterimi mevcuttur. Stator ve rotorun abc sargılarına uygulanan besleme gerilimlerini qd0 karşılıkları için yukarıdaki denklem takımları kullanılır ve stator ve rotor arasındaki açı, denklem 4.6.'daki $\theta_r(t)$ ile hesaplanır.

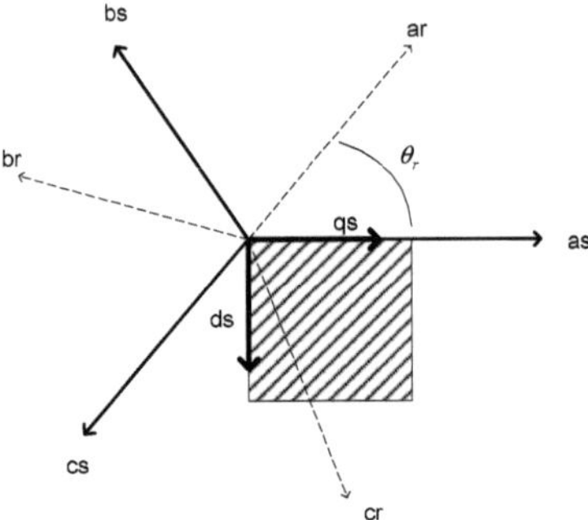

Şekil 4. 2. abc ile qd0 eksen dönüşümleri

$$
\begin{aligned}
v_{qr}^{s} &= v_{qr}^{r}\cos\theta_r(t) + v_{dr}^{r}\sin\theta_r(t) \\
v_{dr}^{s} &= -v_{qr}^{r}\cos\theta_r(t) + v_{dr}^{r}\sin\theta_r(t) \\
\theta_r(t) &= \int_0^t w_r(t)dt + \theta_r(0)
\end{aligned}
\qquad \textbf{(4.6)}
$$

abc üç faz ekseninden qd0 eksenine dönüşüm yapıp modelin yeni değerleri hesaplandıktan sonra tekrar üç faza ait akım değerlerinin hesaplanması gerekir. Bu nedenle denklem takımı 4.7. ile qd0 bileşenlerinden $(i_{qs}, i_{ds}) \rightarrow (i_{as}, i_{bs}, i_{cs})$ geri dönüşümleri gerçekleştirilir. Rotor fazındaki akımlar içinde aynı denklem takımının rotor değişkenleri için uyarlanmış hali kullanılır.

$$
\begin{aligned}
i_{as} &= i_{qs}^{s} + i_{0s} \\
i_{bs} &= -\frac{1}{2}i_{qs}^{s} - \frac{\sqrt{3}}{2}i_{ds}^{s} + i_{0s} \\
i_{cs} &= -\frac{1}{2}i_{qs}^{s} + \frac{\sqrt{3}}{2}i_{ds}^{s} + i_{0s}
\end{aligned}
\qquad \textbf{(4.7)}
$$

qd0 eksen dönüşümü yapıldıktan sonra üç fazlı asenkron motorun modeli aşağıdaki denklem takımları (4.8 – 4.15) şeklinde yazılabilir. Bu format aşağıda değinileceği gibi Simulink gerçekleştirmede baz alınacak olan akışı göstermektedir.

$$\psi_{qs}^{s} = \omega_b \int \left\{ v_{qs}^{s} + \frac{r_s}{x_{ls}} \left(\psi_{mq}^{s} - \psi_{qs}^{s} \right) \right\} dt$$

$$\psi_{ds}^{s} = \omega_b \int \left\{ v_{ds}^{s} + \frac{r_s}{x_{ls}} \left(\psi_{md}^{s} - \psi_{ds}^{s} \right) \right\} dt \qquad \textbf{(4.8)}$$

$$i_{0s} = \frac{\omega_b}{x_{ls}} \int \left(v_{0s} - i_{0s} r_s \right) dt$$

$$\psi_{qr}^{s} = w_b \int \left\{ v_{qr}^{s} + \frac{w_r}{w_b} \psi_{dr}^{s} + \frac{r_r}{x_{lr}} \left(\psi_{mq}^{s} - \psi_{qr}^{s} \right) \right\} dt$$

$$\psi_{dr}^{s} = w_b \int \left\{ v_{dr}^{s} + \frac{w_r}{w_b} \psi_{qr}^{s} + \frac{r_r}{x_{lr}} \left(\psi_{md}^{s} - \psi_{dr}^{s} \right) \right\} dt \qquad \textbf{(4.9)}$$

$$i_{0r} = \frac{\omega_b}{x_{lr}} \int \left\{ v_{0r} - i_{0r} r_r \right\} dt$$

$$\psi_{mq}^{s} = x_m \left(i_{qs}^{s} + i_{qr}^{s} \right)$$

$$\psi_{md}^{s} = x_m \left(i_{ds}^{s} + i_{dr}^{r} \right) \qquad \textbf{(4.10)}$$

$$i_{qs}^{s} = \frac{\psi_{qs}^{s} - \psi_{mq}^{s}}{x_{ls}}$$

$$i_{ds}^{s} = \frac{\psi_{ds}^{s} - \psi_{md}^{s}}{x_{ls}}$$

$$i_{qr}^{s} = \frac{\psi_{qr}^{s} - \psi_{mq}^{s}}{x_{lr}} \qquad \textbf{(4.11)}$$

$$i_{dr}^{s} = \frac{\psi_{dr}^{s} - \psi_{md}^{s}}{x_{lr}}$$

$$\frac{1}{x_M} = \frac{1}{x_m} + \frac{1}{x_{ls}} + \frac{1}{x_{lr}} \qquad \textbf{(4.12)}$$

$$\psi_{mq}^{s} = x_M \left(\frac{\psi_{qs}^{s}}{x_{ls}} + \frac{\psi_{qr}^{s}}{x_{lr}} \right)$$

$$\psi_{md}^{s} = x_M \left(\frac{\psi_{ds}^{s}}{x_{ls}} + \frac{\psi_{dr}^{s}}{x_{lr}} \right) \qquad \textbf{(4.13)}$$

$$T_{em} = \frac{3}{2} \frac{P}{2\omega_b} \left(\psi_{ds}^{s} i_{qs}^{s} - \psi_{qs}^{s} i_{ds}^{s} \right) \qquad N.m. \qquad \textbf{(4.14)}$$

$$\frac{2J\omega_b}{P} \frac{d\left(\omega_r / \omega_b \right)}{dt} = T_{em} + T_{mech} - T_{damp} \qquad N.m. \qquad \textbf{(4.15)}$$

Tezde gerçekleştirilen uygulamalarda kullanılan 1 hp lik üç fazlı asenkron motorun parametreleri tablo 4.1.'de listelenmiştir.

Tablo 4. 1. Asenkron Motorun Parametreleri ve Değerleri (1 hp)

Prated = 750;	% Nominal Çıkış gücü - W
Vrated = 200;	% Nominal hat gerilimi in V
P = 4;	% kutup sayısı
frated = 50;	% Nominal frekans - Hz
wb = 2*pi*frated;	% Taban(base) Elektriksel Frekans
Zb = Vrated*Vrated/750;	% Taban Empedans - ohm
Vm = Vrated*sqrt(2/3);	% Fazlardaki beslemelerin genliği
rs = 3.35;	% stator sargı direnci - ohm
xls = 6.94e-3*wb;	% stator kaçak reaktansı - ohm
xplr = xls;	% rotor kaçak reaktansı - ohm
xm = 163.73e-3*wb;	% stator manyetik reaktansı -
rpr = 1.99;	% indirgenmiş rotor direnci - ohm
J = 0.1;	% rotorun ataleti - kg m2

Şekil 4.3.'de yukarıda verilen denklemlerin Simulink ortamında olduğu gibi blok diyagramı şeklinde nasıl gerçekleştirilebileceği gösterilmektedir. q ve d eksenleri birer blok ve ayrıca tork ve hızın hesaplanması için rotor bileşeni de bir blok olarak göz önüne alınmıştır. Bunların yanı sıra dönüşüm birimleri de birer küçük alt blok oluşturmaktadır. Blokların giriş değişkenlerine dikkat edilirse q ve d eksenlerinin çapraz bağlı olduğu yani birinin çıkışının bir diğerinin girişinde kullanıldığı fark edilebilir. Burada gösterilmeyen ancak bölümün devamındaki Simulink diyagramında verilecek olan sıfır ekseninin bileşenleri qd eksenlerinden izole edilmiş haldedir.

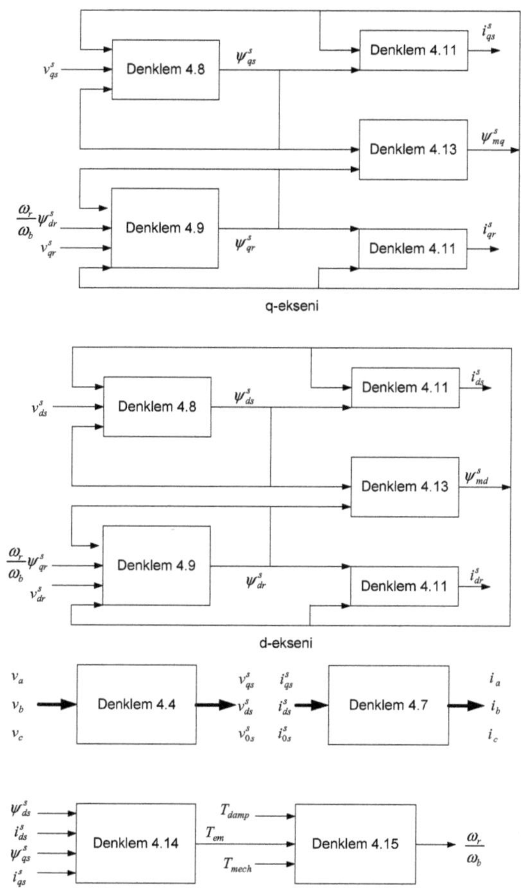

Şekil 4. 3. q ve d eksenlerinin benzetimi için akış diyagramı ve ilgili denklemler

4.2. Üç Fazlı Asenkron Motorun MATLAB'da Gerçekleştirilmesi

Şekil 4.3'de matematiksel akış modeli verilen asenkron motorun benzetimi, MATLAB/Simulink ortamında Özpineci'nin çalışmasında olduğu gibi modüler olarak verilmiştir [8]. Şekil 4.4'de görüldüğü gibi modelin q-ekseni, d-ekseni ve rotor denklemi olmak üzere üç temel modülü ve buna karşılık Simulink'te üç temel blok yer almaktadır. Bu blokların içerikleri ise şekil 4.5-4.7'de gösterilmiştir. Motora uygulanan gerilim ve yük ile buna karşılık motorun çektiği akım, ürettiği torq ve erişilen hız değerleri ise şekil 4.8.'de verilmiştir.

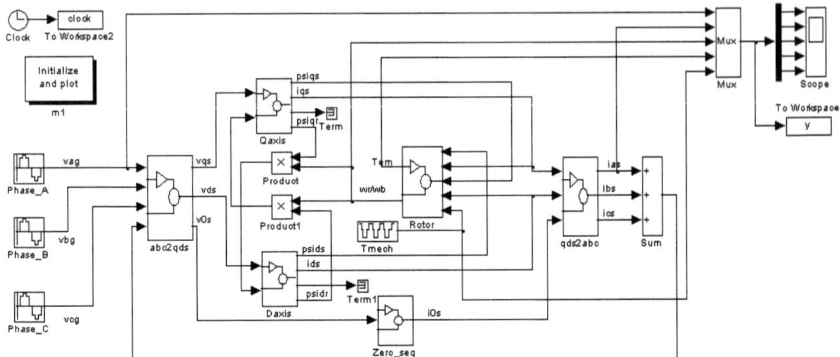

Şekil 4. 4. Asenkron Motor Modelinin Simulink Gerçeklemesi

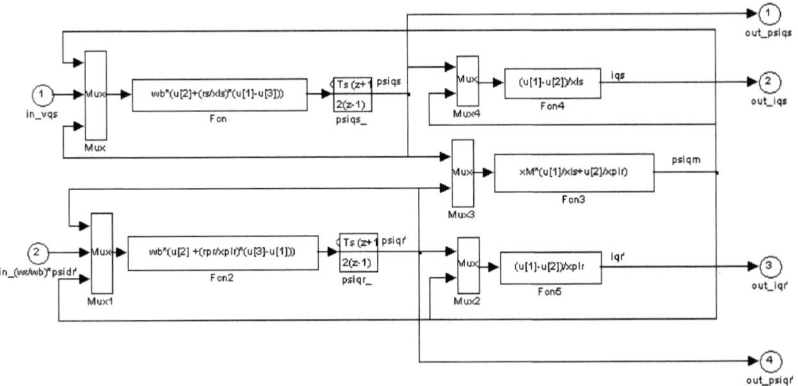

Şekil 4. 5. q-Ekseni Alt-Modülünün İç yapısı

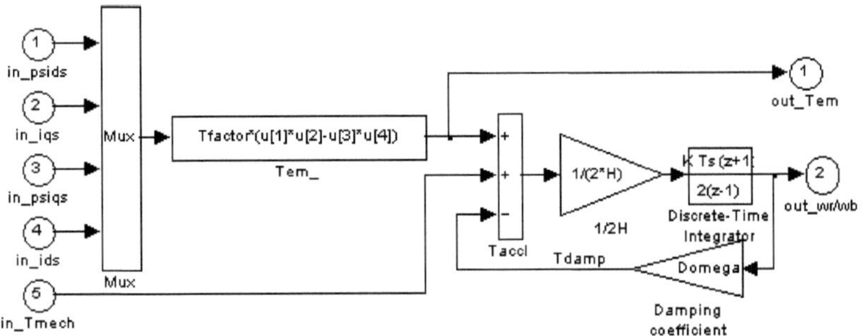

Şekil 4. 6. Rotor Alt-Modülünün İç Yapısı

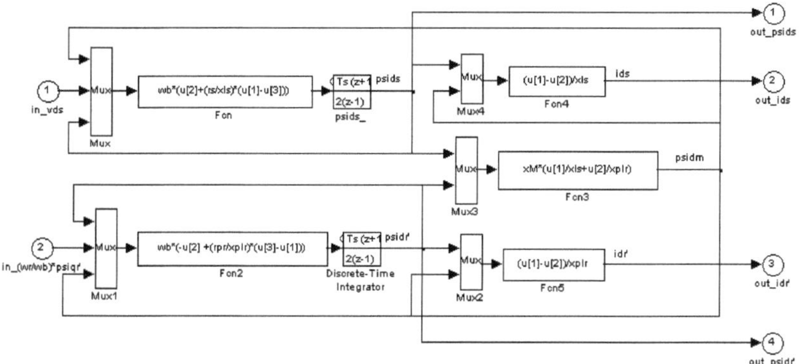

Şekil 4. 7. d-Ekseni Alt-Modülünün İç Yapısı

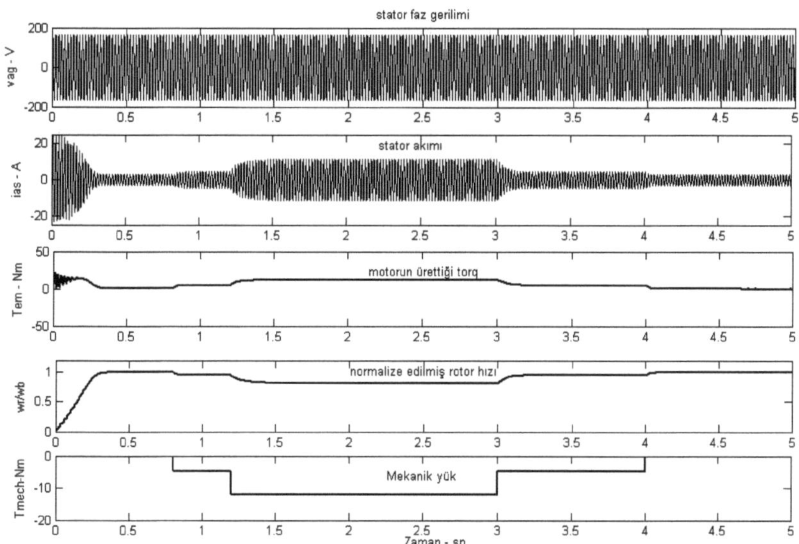

Şekil 4. 8. Geliştirilen modelin dinamik bir yük altında 5 s lik benzetim sonuçları

4.3. Üç Fazlı Asenkron Motorun FPGA İle Gerçekleştirilmesi

Asenkron motorun FPGA gerçeklemesini yaparken Simulink ortamında olduğu gibi sistemin alt-modülleri ve bunlara ait matematiksel denklemlerin her biri birer blok olarak gerçekleştirilmiştir. Daha sonra bu modüller veya diğer bir deyişle sistemin matematiksel modelini gerçekleştiren denklem takımının parçaları bir araya getirilerek gerçek zamanlı FPGA modeli geliştirilmiştir. Bu nedenle bu gerçekleme, modüler olarak ele alınmış ve her bir modül, bir alt başlık olarak irdelenemiştir.

Bütün bu blokları tek tek ele almadan önce geliştirme ortamının açıklanması gerekmektedir. FPGA teknolojisinde önde gelen birkaç markadan biri olan Altera firmasının Stratix-II entegre ailesinden bir ürün ile uygulama çalışmaları gerçekleştirilmiştir. Stratix II GX ailesinin EP2SGX90FF1508C3 ürünü, sahip olduğu 72768 adet ALUT birimi, toplam 4.520.448 bitlik hafıza kapasitesi, 48 adet DSP co-processor, 8 adet PLL ve paralel LVDS de dahil olmak üzere bir çok farklı iletişim arayüzüne sahiptir. Sistemin modülleri açıklanırken her birinin ne kadar alan tükettiği ve çevrim zamanı gerektirdiği ele alınmıştır. Altera firmasının geliştirme kartlarından olan "PCI Express Development Kit, Stratix II GX Edition " geliştirme kartı deneysel ortamın ana çekirdeğidir ve bu kartın temel özellikleri Tablo 4.2.'de verilmiştir.

Tablo 4. 2. Seçilen FPGA Geliştirme Kartının Temel Özellikleri

Stratix II GX EP2SGX90F1508C3 FPGA
İki tane Altera HSMCs portu (daughtercard konnektörü)
10/100/1000 Ethernet PHY (GMII) RJ-45 ile (copper) konnektörü birlikte
İki tane SFP modülü arayüzü (optics hariç)
256-Mbyte DDR2 SDRAM (72 bit, 667 Mbps)
2-Mbyte QDR2 SRAM (36 bit, 1,200 Mbps)
64-Mbyte Flash
MegaCore IP Library CD ve dökümanları
Quartus II design yazılımı (bir yıl lisanslı)
Kablo ve Ekipmanları

Adından da anlaşılacağı üzere en önemli arayüzü belki de PCI-X'i desteklemesidir. Bu sayede bir PC içerisinde bir benzetim programının bir kısmını veya modele bağlı olarak tamamı gerçekleştirebilir. Ancak bu tip bir çalışmanın yapılabilmesi için gerçek zamanlı yazılım geliştirme ortamına ihtiyaç vardır. Genel amaçlı bir işletim sisteminde gerçek zaman haricindeki uygulamalar için de kullanılabilir. Tez ve paralel yürüttüğümüz proje çalışmalarının ilk safhalarında Windows ortamında MATLAB geliştirme ortamı ile FPGA kartına erişip, model koşturulmak istenmiştir. Altera firmasının bu amaç doğrultusunda kullanışlı bir toolbox'ı mevcuttur. Altera DSPBuilder olarak isimlendirilen bu arayüz yazılımı ile MATLAB ortamında gerçek zaman toolbox ları sayesinde belli bir hız limitine kadar FPGA kartının, bir co-simülatör olarak kullanılabileceğini test edilip gözlemlenmiştir. Ancak bahsedilen toolbox ların şu andaki hız limitleri bir asenkron motor modelini gerçek zamanlı çalıştırmak için yeterli değildir. En fazla 50 µs örnekleme zamanına kadar inilebilinmiştir. Bu yaklaşım aslında bu uygulama için kabul edilebilir değildir ancak elektriksel olmayan mekanik sistemler için kolaylığından dolayı kullanışlı olabilir. Mekanik sistemler ve bunların matematiksel modelleri asenkron motor uygulamasında olduğu gibi gerçek zamanlı çalışabilmek için yüksek hesaplama gücü gerektirmeyebilir. Ayrıca PC içerisinde DDB uygulaması çalıştırılmak istenirse; DAC, ADC ve dijital I/O ların da gerçekleştirilmesini sağlayacak veri toplama kartlarına ihtiyaç duyulacaktır. Genel amaçlı bir bilgisayarda gerçek zamanlı bir geliştirme ortamı oluşturabileceği ve buradan yazılım ile dış dünyaya giriş/çıkış komutlarının gereken hızda gönderebileceği düşünülebilir. Ancak piyasada olabilecek en hızlı çözümlerden birisi tercih edilmesine rağmen satın alınan PC tabanlı veri toplama kartının yazılım geliştirme ortamları için paket içerisinde sunulan dinamik kütüphanesi istenilen hızlara çıkamamıştır. Özel driver geliştirme için alınan teknik destek ile de donanımsal hızın ancak 1/10 kadar yazılımsal hıza yaklaşabileceği önerilmiştir. Kısacası asenkron motorun PC tabanlı bir DDB çözümü için denenen arayışlar olumsuz sonuçlanmıştır. Bu nedenle alternatif yöntem olarak; piyasada oldukça pahalı hazır çözüm simülatörler almak yerine bunların hızının daha da üstüne çıkabilecek ve çok daha ucuza mal olabilecek FPGA gerçekleme fikri değerlendirilmiştir.

Altera firmasından seçilen FPGA entegresinin tasarımını yapmak için grafiksel bir geliştirme ve test ortamı olan Quartus-II yazılımını kullanılmıştır. Bu yazılım üzerine satın alınan paket içerisinde var olan ve IP Megafunction olarak isimlendirilen kütüphanelerini de kurmak, tasarım sürecini oldukça hızlandırmış ve kolaylaştırmıştır. Quartus-II ortamında hem VHDL hem Verilog hem de şematik (görsel) tasarım yapmak mümkündür.

Uygulama için referans alınan Simulink modelinde olduğu gibi görsel ve her bir alt-modül, bir alt-bloğa karşılık gelecek şekilde şematik tasarımlar gerçekleştirilmiştir. Bu tasarımların ayrıntıları aşağıda başlıklar halinde verilmiştir. Ayrıca hem Quartus-II yazılımındaki küçük ölçekli simülatör ortamı hem de eğitim lisanslı temin edilen Modelsim simülatör ortamı, yapılan tasarımların karta yüklenmeden önce pratik bir şekilde test edilmesine olanak sağlamıştır. Geliştirme kartının programlanması ise yine Quartus-II yazılımı içerisinde var olan programlayıcı modülü ve bilgisayarın USB portuna bağlı bulunan "JTAG USB-Blaster Download" kablosu ile gerçekleştirilmiştir.

4.3.1. abc2qds Bloğunun FPGA Gerçeklemesi

Bir matematiksel ifadenin FGPA tabanlı veya genel olarak donanımsal olarak gerçekleştirilmesi sırasında dikkat edilmesi gereken en önemli etken; kullanılacak sayı formatının belirlenmesi ve seçilen formattaki bit sayılarının işlemlerden etkilenmeyeceğinin garanti edilmesidir. Ayrıca bilimsel bir hesaplama donanımsal olarak yapılıyorsa, doğal olarak sadece tam sayıları ile değil kesirli sayılar ile de çalışabilmek gerekir. Quartus-II yazılımında kayan noktalı sayılar ile aritmetiksel işlemler yapabilmek için gerekli olan Megafunction lar mevcuttur. Bu kütüphaneler sayesinde yeniden floating-point matematiksel işlemlerin donanımsal gerçeklemesi için tasarım yapma yükünden kurtulmak mümkündür [7]. Bu kütüphaneler hem single-precision hem de extended ve double-precision hassasiyetteki işlemleri desteklemektedirler.

Geliştirilen asenkron motor modelinde singel-precision (32-bit) yeterli olmuştur. 32 bitin en anlamlı biti işareti, sonraki 8 biti sayının üssünü ve kalan 23 bit ise noktadan sonraki kısmı temsil etmektedir. Single-precision floating-point sayı sistemdeki toplama ve çarpma işlemleri için şekil 4.9.'da gösterilen kütüphaneler kullanılmaktadır. Bu megafunctionların dataa ve datab girişlerine işleme tabi tutulacak sayılar uygulanmaktadır. Şekilden de anlaşılacağı üzere toplama işlemi clock girişine uygulanan saatin 8 periyotluk süresince, çarpma işlemi ise 5 periyotluk süresince vakit almaktadır. Matematiksel işlemin sonucu result portundan dışarı verilirken, aynı zamanda oluşabilecek extreme durumlarda ilgili flag çıkışları kontrol edilebilir. Örneğin; sonucun sıfır çıkması halinde zero çıkış biti setlenecektir.

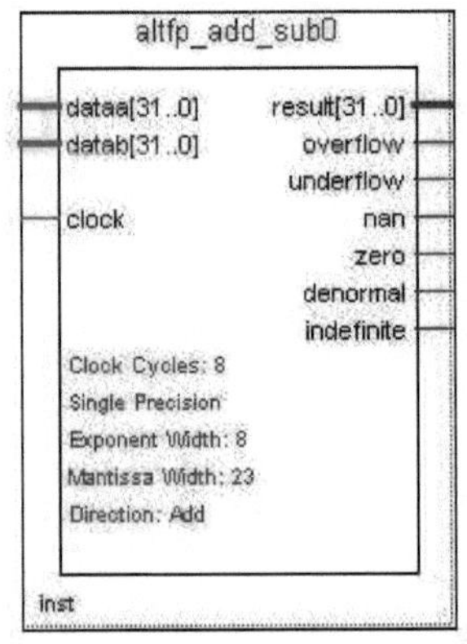

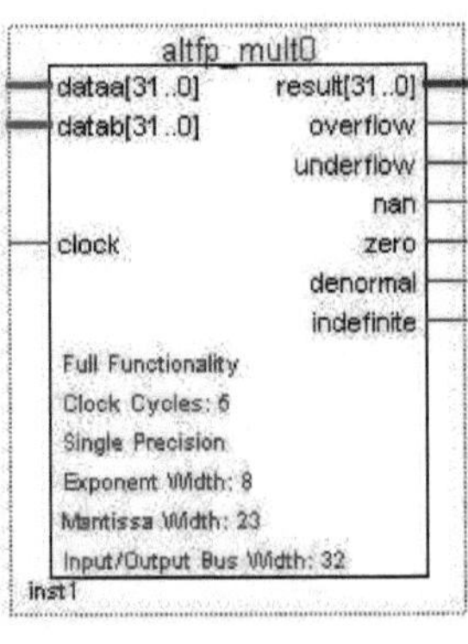

Şekil 4. 9. Floating point sayı sistemi için toplama ve çarpma kütüphanelerinin şematiği

Denklem 4.4'deki dönüşümler kullanılarak stator fazlarındaki gerilimler, abc ekseninden qd0 eksenine dönüştürülür. Asenkron motor modelindeki bu ilk aşamaya ait denklemlerden bir tanesinin FPGA gerçeklemesi Şekil 4.10'da verilen şematik Quartus-II tasarımı ile sağlanmıştır. $v_{ds}^{s} = \frac{1}{\sqrt{3}}\left(v_{cg} - v_{bg}\right)$ denkleminin şematik karşılığı olan bu gösterimde önce $\left(v_{cg} - v_{bg}\right)$ işlemi yapılmış daha sonra ise elde edilen sonuç $\frac{1}{\sqrt{3}}$ sabiti ile çarpılmıştır. $v_{ds}^{s} = \frac{1}{\sqrt{3}}$ sabitinin 32 bit floating point sayı sistemindeki karşılığı ise '3F13CD3A' sayısıdır.

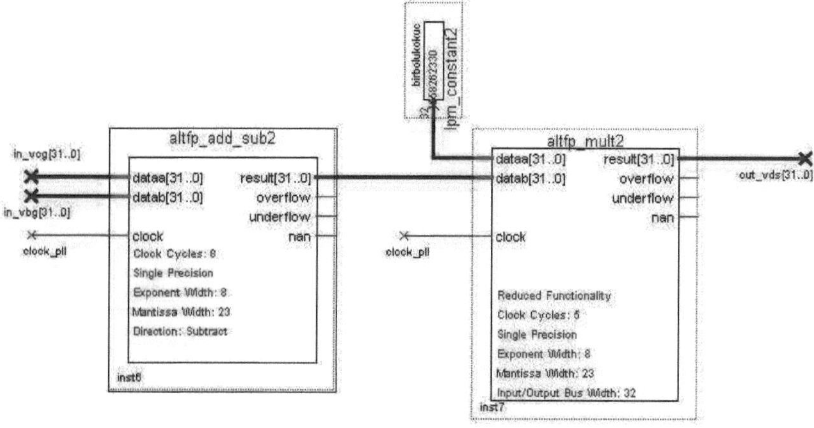

Şekil 4. 10. $v_{ds}^{s} = \frac{1}{\sqrt{3}}\left(v_{cg} - v_{bg}\right)$ matematiksel ifadesinin FPGA gerçeklemesi

Şekil 4.10.'de en sade denklemlerden biri olan $v_{ds}^{s} = \frac{1}{\sqrt{3}}\left(v_{cg} - v_{bg}\right)$ ifadesinin FPGA gerçeklemesinin şematik tasarımının nasıl olacağı gösterilmektedir. Dikkat edilirse; bir çıkarma ve ardından ise sadece bir çarpma işleminden ibaret olduğu görülmektedir. Ancak bu işlemler paralel icra edilemeyeceğinden denklem sonucu 8+5 = 13 saat çevriminden sonra hesaplanmış olur. 32 bitlik floating-point sayılarda toplama için 8 clock, çarpma için ise 5 clock gerekmektedir. Geliştirme kartımızda saat frekansı olarak default 100 Mhz seçili ise bu işlem 13*10 ns = 130 ns zaman alacak demektir. Ancak Şekil 4.11.'de görüldüğü gibi aynı seviyedeki bir diğer denklem ise bu tasarımın altına eklenip FPGA teknolojisinin en temel avantajından faydalanılıp paralel icra edilmiş olur.

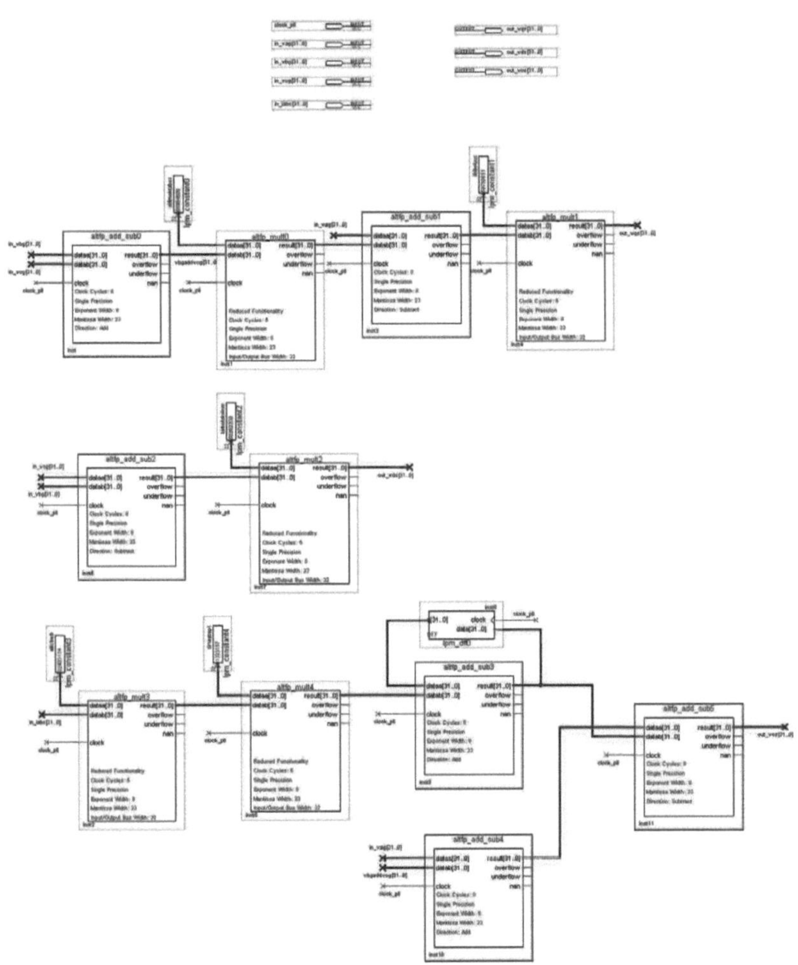

Şekil 4. 11. abc2qds dönüşümünün FPGA gerçeklemesi

Şekil 4.11.'de gösterilen dönüşüm işleminin sonucunda FPGA entegresinin sahip olduğu kapasiteden sadece yaklaşık %6 (ALUT kapasitesinden 4.342/72.768) tüketilmiş olur. Bu modülün gerçekleştirilmesi için 5 tane floating-point toplama birimi, 4 tane floating-point çarpma birimi, katsayılar için 4 tane constant elemanı ve gecikme için ise 1 tane 32-bitlik D tipi flip flop devresi kullanılmıştır.

4.3.2. q-Ekseni Bloğunun FPGA Gerçeklemesi

Şekil 4.5.'de verilen q-Ekseni alt modelinin FPGA tasarımı için entegre kapasitesinin yaklaşık %13'ü (13.700/72.768) kullanılmıştır. Bu alt modelin zaman gereksinimi ise 57 saat çevrimi ve yine 100 Mhz saat frekansına karşılık 57*10 ns = 570 ns dir.

Şematik tasarımın bu doküman içerisine aktarılması boyutundan dolayı mümkün olmadığından (ölçeklendiğinde ise açıkça belli olmadığı için) bu bloğun sadece Şekil 4.12.'de verilen blok diyagramı sergilenmiştir. Burada diğer modüllerde olduğu gibi clock_pll isminde bir saat girişi (pll çıkışından besleneceğinden faz farksız olacaktır), iki tane 32 bitlik floating sayı formatında giriş portu ve yine aynı formatta 4 tane çıkış portu mevcuttur. Zaten bu blok, Şekil 4.5.'de verilen q-Ekseni modelinin bir üst seviyeden görüntüsüne karşılık gelmektedir. Bu modülün gerçekleştirilmesi için 9 tane floating-point toplama birimi, 11 tane floating-point çarpma birimi, katsayılar için 11 tane constant elemanı ve gecikme için ise 1 tane 32-bitlik D tipi flip flop devresi kullanılmıştır.

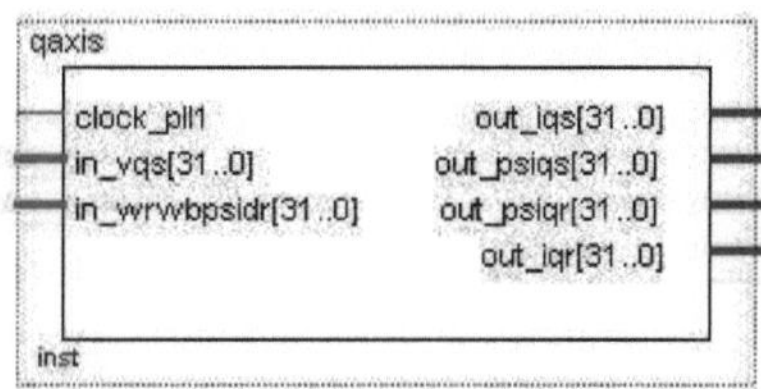

Şekil 4. 12. q-Ekseni için tasarlanan FPGA Alt-Modülünün Blok Diyagramı

4.3.3. d-Ekseni Bloğunun FPGA Gerçeklemesi

Şekil 4.7.'de verilen d-ekseni alt modelinin FPGA tasarımı için entegre kapasitesinin yaklaşık %13'ü (13.700/72.768) kullanılmıştır. Bu alt modelin zaman gereksinimi ise q-Ekseni bloğunda olduğu gibi 57 saat çevrimi ve yine 100 Mhz saat frekansına karşılık 57*10 ns = 570ns dir.

Bu bloğun da yine sadece Şekil 4.13.'de verilen blok diyagramı sergilenmiştir. Burada diğer modüllerde olduğu gibi clock_pll isminde bir saat girişi (pll çıkışından besleneceğinden faz farksız olacaktır), iki tane 32 bitlik floating sayı formatında giriş portu ve yine aynı formatta 4 tane çıkış portu mevcuttur. Zaten bu blok, Şekil 4.7.'de verilen d-ekseni modelinin bir üst seviyeden görüntüsüne karşılık gelmektedir.

Bu modülün gerçekleştirilmesi için 8 tane floating-point toplama birimi, 11 tane floating-point çarpma birimi, katsayılar için 11 tane constant elemanı ve gecikme için ise 1 tane 32-bitlik D tipi flip flop devresi kullanılmıştır.

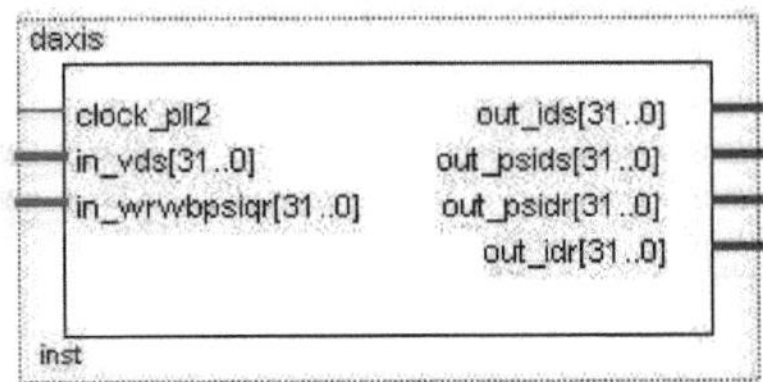

Şekil 4. 13. d-Ekseni için tasarlanan FPGA Alt-Modülünün Blok Diyagramı

4.3.4. Rotor Bloğunun FPGA Gerçeklemesi

Şekil 4.6.'da verilen Rotor alt modelinin FPGA tasarımı için entegre kapasitesinin yaklaşık %7'si (7.594/72.768) kullanılmıştır. Bu alt modelin zaman gereksinimi ise yukarıdaki bloklarda olduğu gibi 57 saat çevrimi ve yine 100 Mhz saat frekansına karşılık 57*10 ns = 570ns dir.

Bu bloğun şematik tasarımı Şekil 4.15.'de gösterilmiştir. Burada diğer modüllerde olduğu gibi clock_pll isminde bir saat girişi (pll çıkışından besleneceğinden faz farksız olacaktır), beş tane 32 bitlik floating sayı formatında giriş portu ve yine aynı formatta iki tane çıkış portu mevcuttur. Zaten bu blok, Şekil 4.6.'da verilen Rotor modeline karşılık gelmektedir.

Bu modülün gerçekleştirilmesi için 4 tane floating-point toplama birimi, 6 tane floating-point çarpma birimi, katsayılar için 4 tane constant elemanı ve gecikme için ise 1 tane 32-bitlik D tipi flip flop devresi kullanılmıştır.

4.3.5. zero_seq Bloğunun FPGA Gerçeklemesi

Sıfır eksen bileşeni olarak isimlendirilen ve motor modelindeki hata ve sorunların modellenip benzetime katılabileceği birimdir. Normal çalışma şartları altında modelin girişinde etkisiz bir geri besleme olarak düşünülebilir. Ancak istenirse modelin veya denetleyicinin hatalar karşısındaki davranışını gözlemlemede kullanılabilir. Şekil 4.14.'de bu modülün FPGA şematik tasarımı verilmiştir.

Denklem 4.4., 4.5. ve 4.8.'de verilen sıfır ekseni bileşenine ait gerilim ve akım denklemleri Şekil 4.14.'de gerçeklenmiştir. Bu gerçekleme sırasında 2 tane floating-point toplama birimi, 3 tane floating-point çarpma birimi, katsayılar için 3 tane constant elemanı ve gecikme için ise 1 tane 32-bitlik D tipi flip flop devresi kullanılmıştır.

Bu bahsedilen kapasite tüketimi aslında entegre geneline bakıldığı vakit sadece yaklaşık %2 (2.390/72.768) gibi bir orana tekabül etmektedir. Bu alt-modülün çalışması için gereken zaman ise toplamda 31 saat çevrimi yani 100 Mhz saat frekansı için 310 ns'dir.

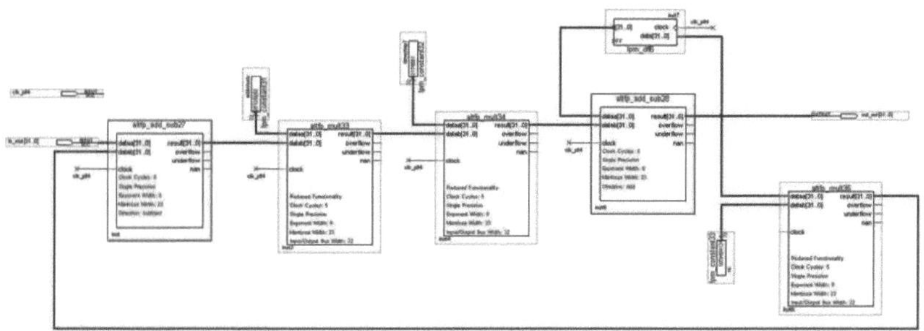

Şekil 4. 14. zero_seq bileşeni için tasarlanan FPGA Alt-Modülünün Blok Diyagramı

4.3.6. qds2abc Bloğunun FPGA Gerçeklemesi

Asenkron motorun uygulanan girişe karşılık yeni değerleri üstteki bloklar kullanılarak hesaplandıktan sonra dq0 ekseninden yine üç faz abc eksenine dönüşümü için gereken matematiksel ifadeler denklem takımı 4.7. ile gerçekleştirilir. Bu ifadelerin FPGA şematik tasarımı ise Şekil 4.16.'de verilmiştir.

Bu alt modelin kapasite tüketimi yaklaşık olarak % 5 (4.862/72.768)'dir. Ayrıca bu modelin zaman gereksinimi ise; 21 saat çevrimi yani 21*10ns = 210 ns'dir.

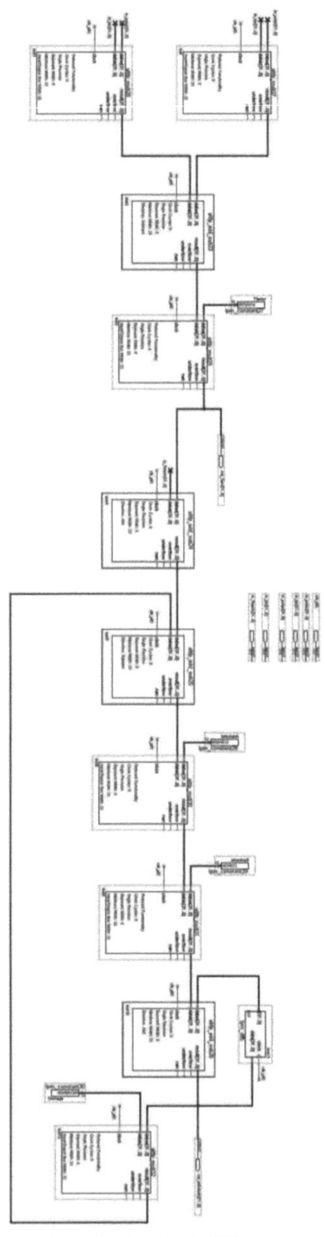

Şekil 4. 15. Rotor için tasarlanan FPGA Alt-Modülünün Blok Diyagramı

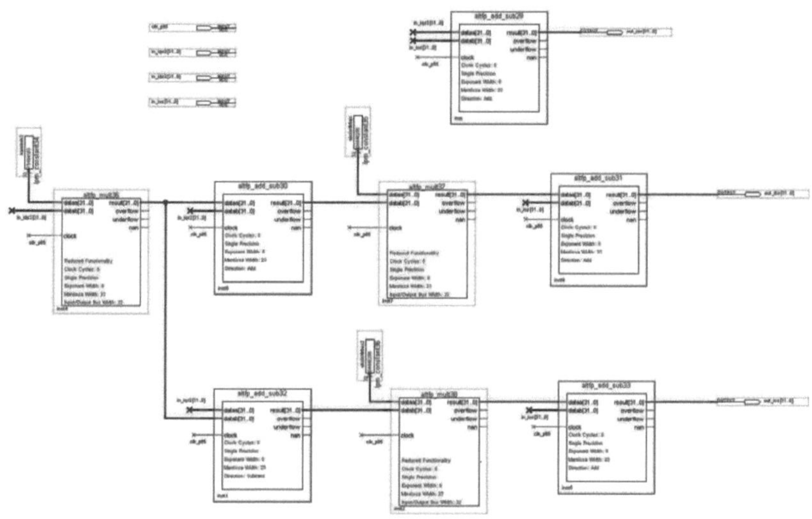

Şekil 4. 16. qds2abc için tasarlanan FPGA Alt-Modülünün Blok Diyagramı

4.3.7. Asenkron Motor Modelinin FPGA Gerçeklemesi

Yukarıdaki başlıklar altında anlatılan modüllerin her biri asenkron motor modelinin birer alt-modülünü oluşturmaktadır. Şekil 4.17.'de görüldüğü gibi aynen Simulink gerçeklemesindeki modüler blok yapısı mevcuttur. Modüllerin her birinin ilgili giriş çıkış portları ayarlanarak asenkron motor modelinin üst seviye gerçeklemesi yapılmıştır. Girişe uygulanan üç faz besleme için üç tane 32 bitlik giriş portu ve çıkışta faz akımları, tork ve hızı görmek için ise toplam beş tane 32-bitlik çıkış portu tasarlanmıştır.

FPGA entegresinin yaklaşık olarak %46 sı (29.495/72768 ALUT lojik birimi) bu modelin tasarımı için kullanılmıştır. Modelin çevrim zamanı ise ardışıl icra edilen alt-modüllerin (abc2dqs + q-ekseni + rotor + dqs2abc → 26 + 57 + 57 + 21 saat çevrimi) girişten sona doğru toplamına karşılık gelmektedir. Modelin girişine yeni bir değer uygulandığında, çıkış toplamda 161 saat çevrimi sonra gözlemlenebilir. Yukarıdaki alt-modüllerde olduğu gibi modeli 100 Mhz saat frekansı ile denenirse toplam zaman dilimi 1.610 ns yani 1,6 us ye karşılık gelir. Bir asenkron motor modelinin 1,6 us içerisinde çalıştırılmış olması gerçek zamanlı uygulamalar için çok büyük bir iyileştirmedir. Klasik off-line benzetimlerle kıyaslanamayacak kadar yüksek hız söz konusudur. Ayrıca pahalı ve büyük ölçekli simülatörlere göre de oldukça ucuz ve daha küçük ölçekli olmasına rağmen daha hızlı bir çözüm anlamına gelmektedir. Literatürde yer alan aynı amaçlı önceki çalışmalar incelendiğinde çalışmaların bütün sistemi modellemede kullanılamadığı görülmektedir. Bütün sistemi tek bir entegre içerisine gömülmüş olması, gerçek zamanlı gerçek dünya uygulamalarında çok büyük bir kolaylık sağlamaktadır.

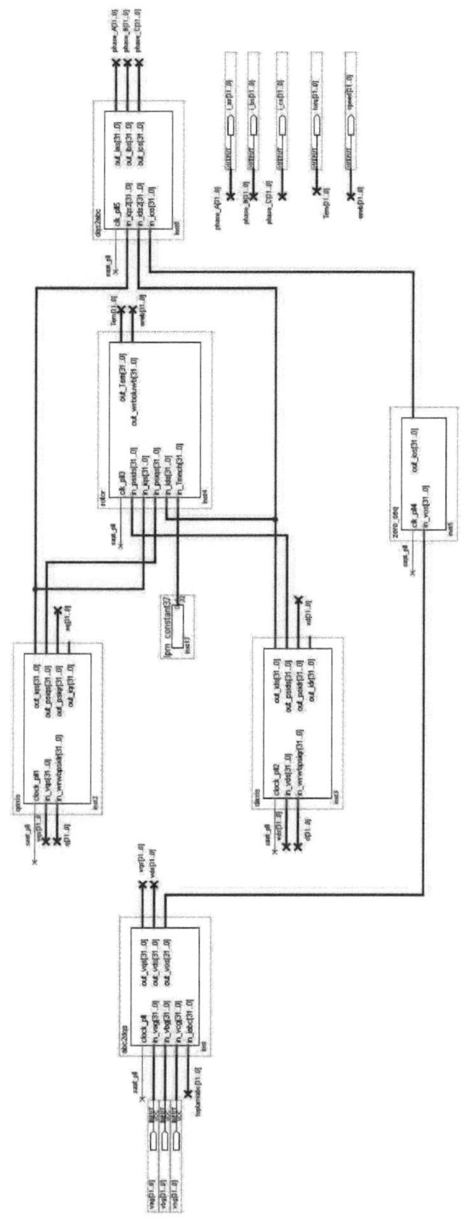

Şekil 4. 17. Asenkron Motor Modelinin FPGA şematik tasarımı

4.4. Dijital/Analog Dönüştürme (DAC) Evresi

DDB sistemine genel çerçeveden bakınca sadece modelin 1 μs gibi istenilen bir sürede çalıştırılması yeterli değildir. Dış dünyadaki gerçek denetleyici ile gerçek zamanlı etkileşim için analog sinyallerin yeterince hızlı harici bir DAC ile üretilmesi gerekmektedir. Bu amaç doğrultusunda Maxim firmasının MAX5886EVKIT isimli bir DAC dönüştürme kiti kullanılmıştır. Bu DAC kartının girişleri paralel LVDS şeklindedir. 12-bit çözünürlülüğe sahip olan bu kart ile FPGA kartımızın ara bağlantısı için yassı kablo diye isimlendirilen ve HDD vb. disk iletişiminde kullanılan arabağlantı kablosu adapte edilmiştir. Ayrıca FPGA geliştirme setimizin HSMC (High Speed Mezzanine Conenctor) portlarının bu bağlantıda kullanılabilmesi için Terasic firmasının bir ürünü olan THDB-H2G (HSMC to GPIO Daughter Card) dönüştürme kartından yararlanılmıştır.

Şekil 4.18.'de bahsedilen bu bağlantılar ile oluşturulan deneysel ortamın devre şeması verilmiştir. FPGA kartı, 3.3 V ve LVDS uyumlu olduğundan DAC kartı da aynı şekilde 3.3 V ve LVDS girişli olarak seçilmiştir. Seçilen DAC dönüştürme kartı 500 Msps hızına çıkabilecek kapasitededir. Gerçekleştirdiğimiz uygulamalarda ise 1 Mhz yeterli olmuştur.

Ancak DAC kartı ile FPGA kartı arasında sayı sistemlerinin farklı olması nedeni ile floating-point ile binary sistem arasında dönüştürme işlemlerini gerçekleştirecek FPGA alt modülünün de tasarlanması gerekmiştir [12]. DAC kartının girişinde binary format, FPGA modelinin çıkışında ise 32-bitlik floating point sayılar mevcuttur. Bu format dönüşümü için hazırlanan FPGA tasarımı Şekil 4.19.'da verilmiştir. Şekil 4.19. verilen algoritmik format dönüşümü için gerekli olan donanımsal gerçekleme, yine FPGA tabanlı olarak lojik kapı ve bileşenlerle gerçekleştirilmiştir. Bu gerçekleme 20 ns den daha az bir sürede format dönüşümünü sağlamaktadır. Modelin zaman adımının μs mertebesinde olduğu düşünülürse problemsiz bir çalışma ortamı oluşturulduğu fark edilecektir.

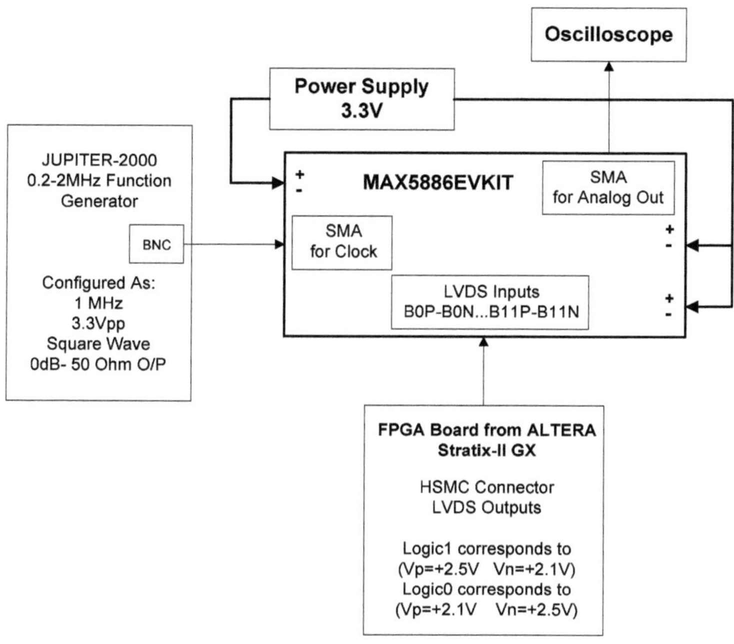

Şekil 4. 18. FPGA ve DAC kartının senkronizasyonu için deneysel düzenek

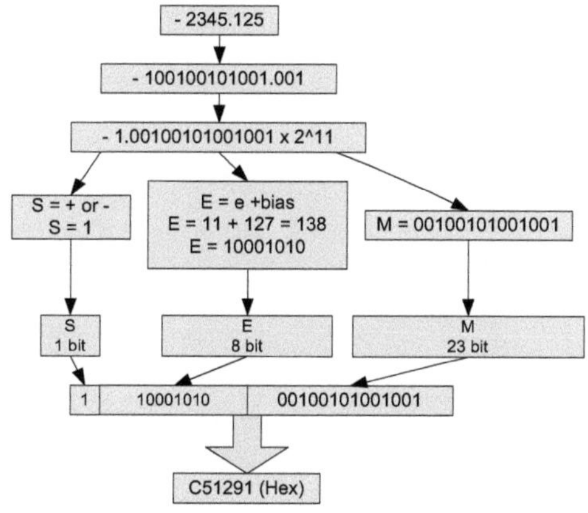

Şekil 4. 19. Fixed to Floating Format dönüşümünün algoritması

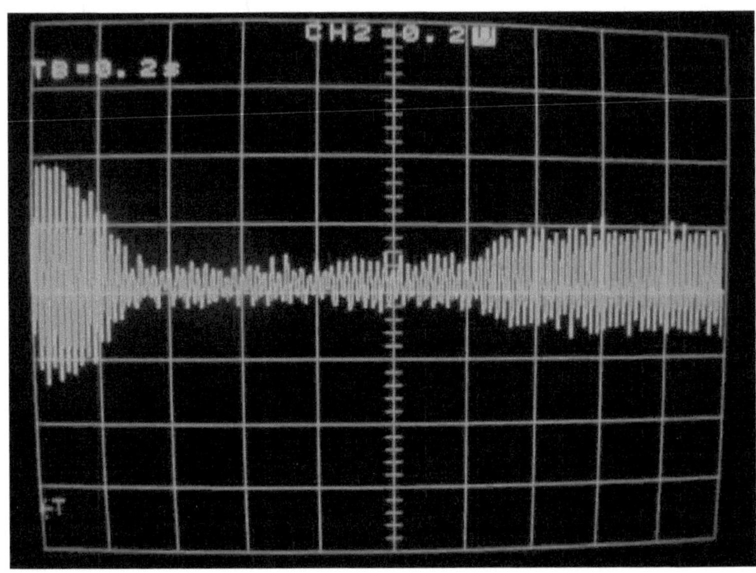

Şekil 4. 20 FPGA kartındaki asenkron motor modelinin a fazı akımı

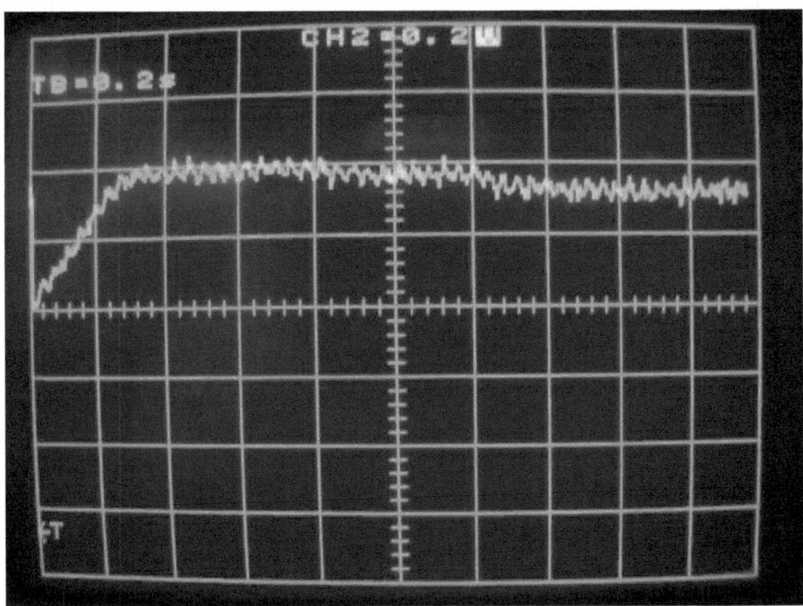

Şekil 4. 21. FPGA kartındaki asenkron motor modelinin hız grafiği

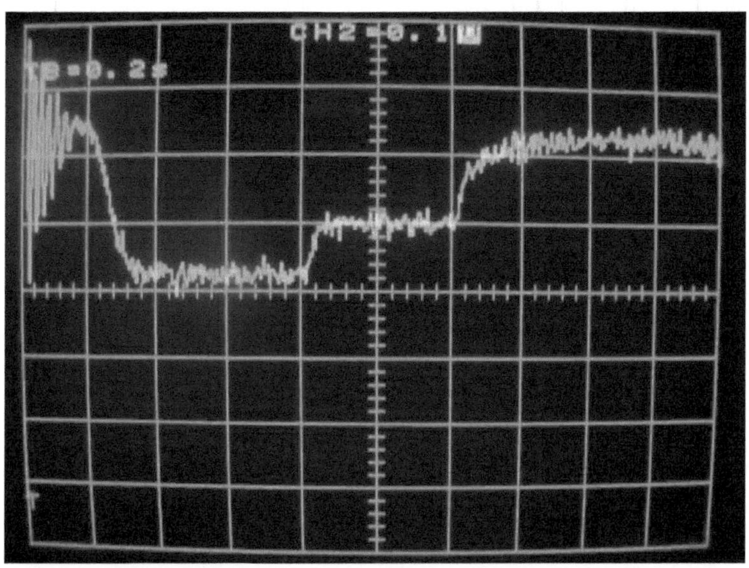

Şekil 4. 22. FPGA kartındaki asenkron motor modelinin ürettiği moment grafiği

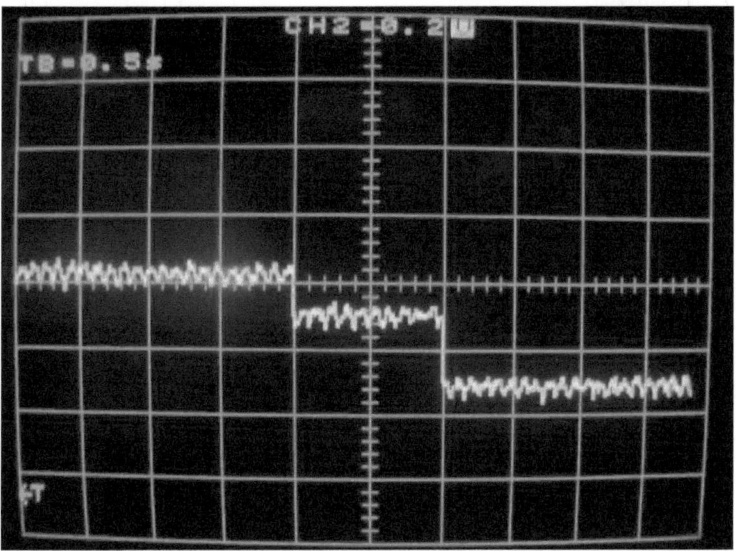

Şekil 4. 23. FPGA kartındaki asenkron motor modeline uygulanan dinamik yük

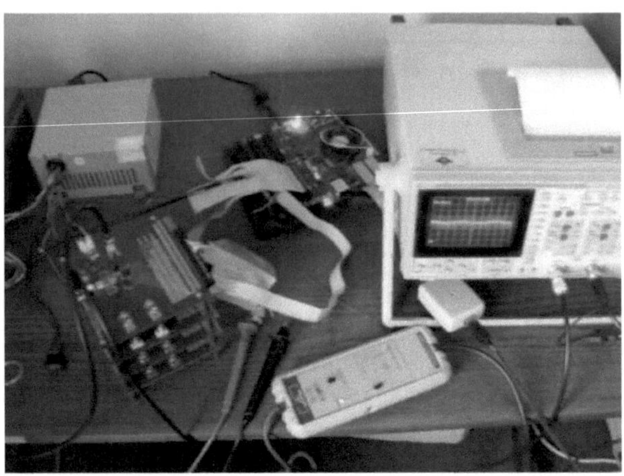

Şekil 4. 24. Kurulan deneysel ortamın görüntüsü

4.5. DDB Tekniği ile FPGA Tabanlı Asenkron Motor Modelinin Kapalı Çevrim Kontrol Uygulaması

Tez çalışmasının bu bölümünde; daha önce gerçekleştirilen ve direk üç faz bağlantısı ile model doğrulaması yapılan FPGA tabanlı asenkron motor modelinin bir denetleyici ile etkileşimi üzerinde durulacaktır. Yukarıda elde edilen osiloskop çıktıları, FPGA entegresi üzerinde çalıştırılan motor modelinin MATLAB/Simulink ortamındaki motor modeli ile örtüştüğü gözlemlenmektedir. Ancak tez çalışmasının asıl vurgulanması gereken özelliği; gerçekleştirilen modelin bir denetleyicinin test aşamasında kullanılabileceğinin gösterilmesidir. Bu nedenle FPGA entegresi üzerinde V/f kontrol algoritması bir PI ile birlikte gerçekleştirilecek ve daha önce geliştirilen motor modelinin önünde sürücü olarak kullanılacaktır. Öncelikle denetleyici blokları FPGA üzerinde geliştirilecek ve daha sonra asenkron motor modeli ile etkileşimi gösterilecektir. Yapılan uygulamanın performansını değerlendirebilmek ve doğruluğunu gösterebilmek için öncelikle gerçekleştirilecek uygulama motor modelinin doğrulanmasında olduğu gibi; öncelikle Simulink ortamında referans uygulama oluşturulacak ve elde edilecek çıktılar, DDB uygulamasının değerlendirilmesinde temel alınacaktır.

4.5.1. Asenkron Motorun V/Hz Kapalı Çevrim Kontrol Uygulamasının Simulink Modeli

Şekil 4.25'de bir asenkron motorun kapalı-çevrimli skalar kontrol (V/Hz) yönteminin blok diyagramı görülmektedir. Şekilden de anlaşılacağı üzere; referans ve o andaki motor rotor hızları w_m^r ve w_m arasındaki hata PI (Proportional-Integrator) denetleyici ve sınırlayıcıda işlendikten sonra kayma-hızı referansı olan w_{sl}^r elde edilir. Sonra, stator besleme gerilimi temel frekansını f_s^r 'yi üretmek için w_{sl}^r ve elektriksel rotor açısal hızı w toplanır. Daha sonra f_s^r V/Hz skalar kontrolün girişine uygulanarak, temel stator geriliminin referans genlik değeri olan Vs belirlenir. Frekans hesaplama bloğunun altında görülen integral bloğu ile açısal hız Ø elde edilir. Anlık açısal hız bulunduktan sonra üç faz için $\mp 2\pi / 3$ ile toplanıp sinüs değerleri hesaplanmalıdır. Vs ile bu üç fazın sinüs değerleri çarpılarak fazların anlık genlik değerleri bulunur ve bu değerler daha önce doğrulaması yapılan motor modeline uygulanır. Bir sonraki iterasyonda ise uygulanan bu genlik değerleri ile elde edilen hız tekrar PI üzerinden anlatıldığı gibi kullanılarak ikinci adımdaki faz değerlerine ulaşılır.

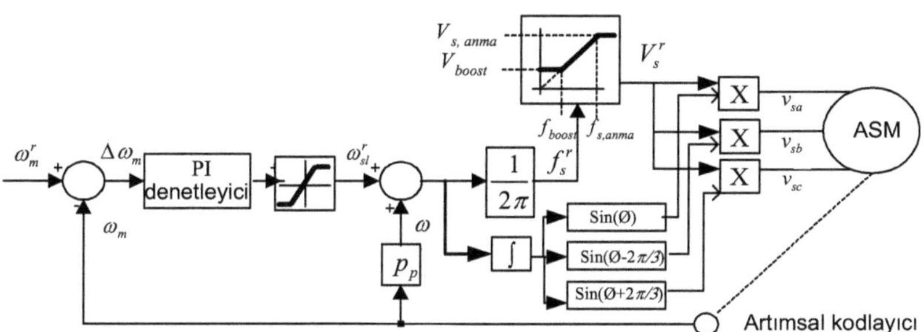

Şekil 4. 25. V/Hz skalar yöntemi ile kapalı-çevrim hız kontrol uygulaması

Şekil 4.25'de görülen referans değeri önce bir rampa fonksiyonu daha sonra ise sabit bir hız değeri şeklinde uygulanmaktadır. PI denetleyicinin parametreleri ayarlandıktan sonra birden fazla farklı referans değer için bu kapalı-çevrim kontrol sisteminin istenilen performansı sergilediği gözlemlenmiştir. FPGA entegresi üzerinde bu kontrol sistemini gerçekleştirmeden önce MATLAB%Simulink ortamında bahsedilen referans çıktılar oluşturulmalıdır. Bunun için Şekil 4.27'de görüldüğü gibi mevcut üç faz asenkron motor modeli önüne V/Hz skalar kontrol bloğu eklenmiş ve Şekil 4.29'daki sonuçlar elde edilmiştir.

Şekil 4.25'de motor modelinden alınan geri besleme w_m normalize edilmiş olduğundan şekilden de görüleceği üzere kontrol blokları kısmında w_b katsayısı ile çarpılarak rotorun o andaki gerçek hızı w^r elde edilmektedir. Bir önceki bölümde gerçekleştirilen motor modelinin, bu bölümde skalar kontrol ile istenilen hız değerlerine doğru bir şekilde ulaştığı gözlemlenmiştir.

Kullanılan V/Hz kontrol algoritması hem frekans hem de genlik ekseninde taban ve tavan değerleri bulunan lineer bir denetleyicidir. Simulink ortamında bu denetleyici gerçekleştirilirken basit bir look-up table oluşturulmuş ve ara değerler interpolasyon ile seçilerek üretilmiştir. Motora uygulanan dinamik yük ile de sadece boşta değil zamanla değişen farklı yükler altında dahi sistemin istenilen hız değerlerine ulaşabildiği gözlemlenmiştir.

PI denetleyicinin çıkışında çok yüksek veya çok düşük değerler ile sistemin denenmemesi için basit bir sınırlayıcı blok oluşturulmuş ve bu bloğun alt ve üst değerleri +0.7 ile -0.7 arasında kalmaya zorlanmıştır. PI denetleyicinin parametreleri üzerinde herhangi bir optimizasyon çalışması yapılmamış sadece manuel olarak sistemin istenilen doğrulukta referans hızlara gitmesini sağlayacak değerler ayarlanmıştır. Zaten tezin bu bölümünde güdülen amaç; FPGA tabanlı motor modelinin sadece boşta değil tezin asıl amacı olan belli bir denetleyici ile gerçek zamanlı etkileşim içerisinde çalışabildiğini göstermektir.

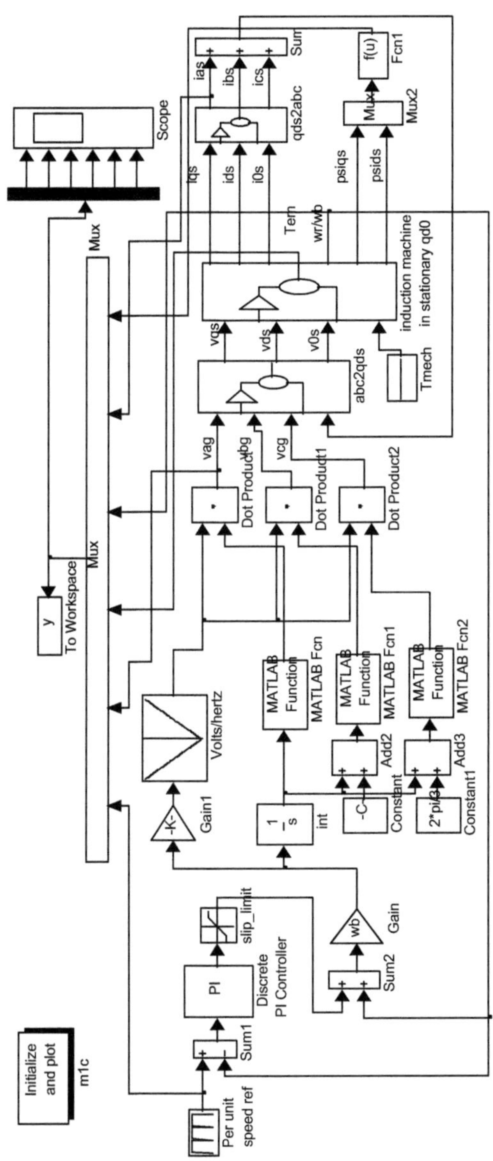

Şekil 4. 26. V/Hz Skalar kontrol Simulink Gerçeklemesi

Şekil 4.26'da gösterilen kapalı-çevrim asenkron motor modeli 2 s süresince çalıştırılmış ve Şekil 4.28'deki sonuçlar elde edilmiştir. Şekil 4.27'de kullanılan V/Hz kontrol algoritmasının seçilen V ve F değerleri çizdirilmiştir. Hem negatif hem de pozitif frekans değerleri için sınırlanan genlik aralığında lineer değişen bir karakteristik söz konusudur.

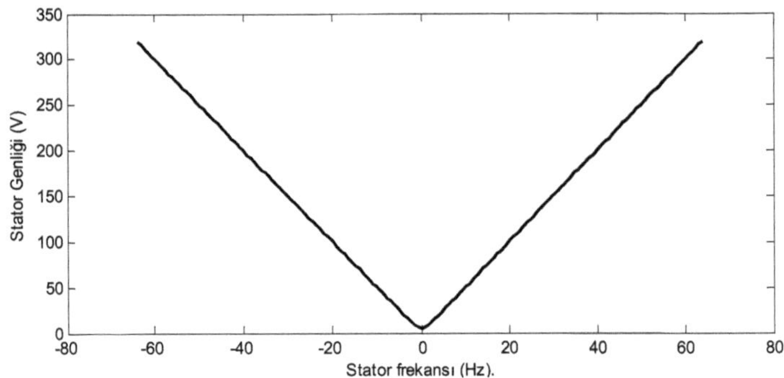

Şekil 4. 27. V/Hz Skalar kontrol karakteristiği

Şekil 4.27'de istenilen referans hız için time_wref=[0 0.5 4]; speed_wref=[0 0.5 0.5]; değerleri belirlenmiştir. 0.5 s kadar bir rampa fonksiyonu ve daha sonra ise 0.5 normalize hızda sabit kalacak bir referans değer uygulanarak Şekil 4.28 elde edilmiştir.

Referans hız değeri motor modelinde olduğu gibi normalize edilmiş değerlerdir. Zaten şekilden de görüleceği üzere motor istenilen rampa ve sabit hız değerlerine birebir oturmaktadır. Bu karakteristiği sergilerken gerilim, akım ve üretilen moment Şekil 4.28'de gösterilmektedir. Gerçekleştirilen skalar kontrol algoritmasının temel özelliği olarak genlik değeri grafiğinden görüleceği gibi ilk 0.2 s lik dilimde uygulanan faz frekansları düşük ve 0.5 s den itibaren ise genlik ve doğal olarak genliğin frekansı da artmaktadır.

Motor modeline uygulanan dinamik yük ilk anlarda 0 olduğundan sadece ataletten dolayı çekilen akım ilk başta yüksek olmakta ve referans değere ulaştıktan sonra ise az bir oranda salınım yapan bir akım grafiği ortaya çıkmaktadır. Üretilen momente bakacak olursak; dinamik yükün uygulandığı anlarda hemen tepki vermekte ve motor rotor hızını sabit hızda tutmayı başarmaktadır. Eğer ilk anda uygulanan referans hız değeri bir rampa fonksiyonunun değerleri değil de baştan sona bir sabit olsaydı; PI denetleyicinin parametre değerlerinin optimize edilmesi gerekmektedir. Aksi halde istenilen hız değerine sistem çıkmasına rağmen verilen grafikteki gibi bir performans elde edilemez az da olsa salınımlar yapan bir hız grafiği gözlemlenecekti.

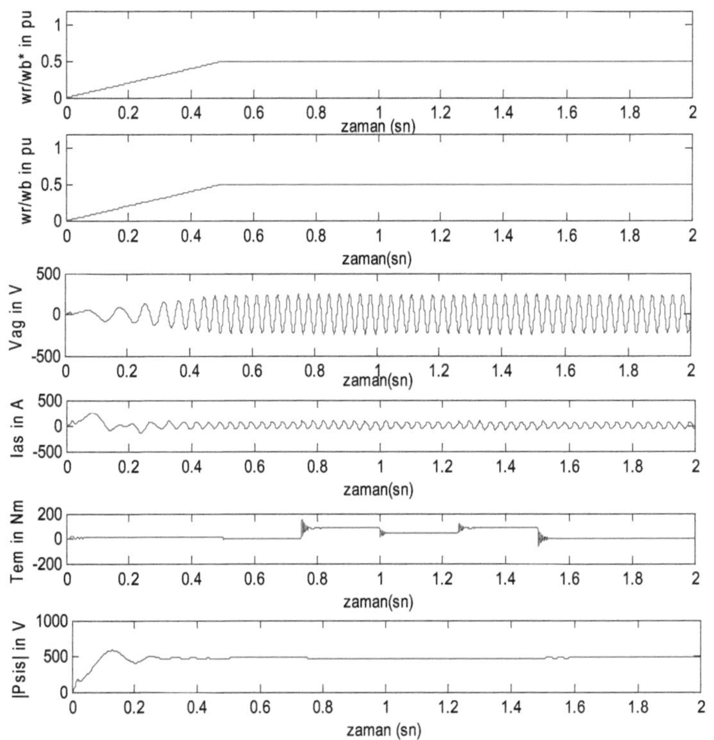

Şekil 4. 28. Kapalı-çevrim hız kontrol uygulaması Simulink sonuçları

Bir önceki bölümde gösterilen açık-çevrim çalışmada olduğu gibi; MATLAB/Simulink ortamında elde edilen bu sonuçlar FPGA üzerinde aynen geliştirilecek olan kontrol algoritmasının performansını değerlendirmek için kullanılmıştır. Zaten motor modelinin FPGA gerçeklemesi hazır olduğundan bu bölümde kontrol algoritması FPGA üzerinde geliştirilmiş ve model ile etkileşimi sağlanarak denetleyici performansı bir DDB uygulaması ile gözlemlenmiştir. Bilgisayar ortamında off-line olarak elde edilen bu sonuçların FPGA entegresi üzerinde gerçek zamanda da görülmesi amaçlanmaktadır. Kullanılan FPGA geliştirme kiti üzerindeki entegrede motor modelinin açık döngü çevrimi için %60 dan daha az bir entegre kapasitesi harcanmıştır. V/Hz ile bu modelin kontrolü için gereken kapasite miktarı mevcut entegre ile elde edilebilmiştir. Hem kontrol algoritması hem de motor modeli aynı FPGA entegresi üzerinde gerçekleştirilmiştir.

4.5.2. Asenkron Motorun V/Hz Kapalı Çevrim Kontrol Uygulamasının FPGA Modeli

Şekil 4.29'da kapalı-çevrim FPGA tasarımının diğer bir deyişle asenkron motor modelinin DDB uygulamasının blok diyagramı gösterilmektedir. FPGA tasarım ortamındaki bazı kısıtlamalardan dolayı şekilden de anlaşılacağı üzere bazı modüller look-up tabloları şeklinde gerçekleştirilmiştir. FPGA tasarım ortamlarında, karmaşık matematiksel ifadelerin gerçekleştirilmesine yönelik built-in paketler mevcut değildir. Bu bölümde, sadece motor modelinin önündeki kontrol algoritmasının modülleri hakkında açıklamalar yapılacaktır. Zaten kontrol edilmeye çalışılan motor modelinin nasıl geliştirildiği bir önceki bölümde açık-çevrim olarak gösterilmiştir.

Öncelikle değinilmesi gereken nokta; sistemin çoklu örnek zamanlı bir uygulama olması gerektiğidir. Modüllerin örnekleme zamanları doğal olarak birbirinden farklı ve motor modeli örnekleme zamanının katsayıları olarak geliştirilmiştir. Örneğin PI denetleyicinin herhangi bir referans hız değeri için motor modeline en az 10 defa giriş uygulaması gerektiği kabul edilmiştir. FPGA entegresinde temel donanımsal bir clock giriş pini mevcuttur. Kullanılan geliştirme kartının üzerinde saat devresinin girişi 100 MHz dir. Bu clock girişi PLL (Phase Locked Loop) devresi ile entegre genelinde bir faz farkına neden olmayacak şekilde dağıtılmıştır. Ayrıca clock girişi gerekli frekans bölme devreleri ile her bir modülün clock giriş sinyalleri oluşturulmuştur.

Motor modeli 2μs nin altında çalıştığı daha önceki bölümde gösterilmişti. Burada geliştirilen kontrol algoritmasının koşma süresi ise 20 μs olarak belirlenmiştir. Simulink ortamındaki 2 s lik benzetim süresi göz önüne alındığında referans hız değerleri tablosunun örnekleme zamanı 100 μs olmalıdır. Yani toplam 20.000 örnek değer söz konusudur. Bu durumda bir referans değer için kontrol algoritması ile birlikte motor modeli 5 defa çalıştırılabilmektedir veya istenirse kontrol algoritması, bir referans değer için 50 iterasyonluk bir çevrim haline getirilebilir.

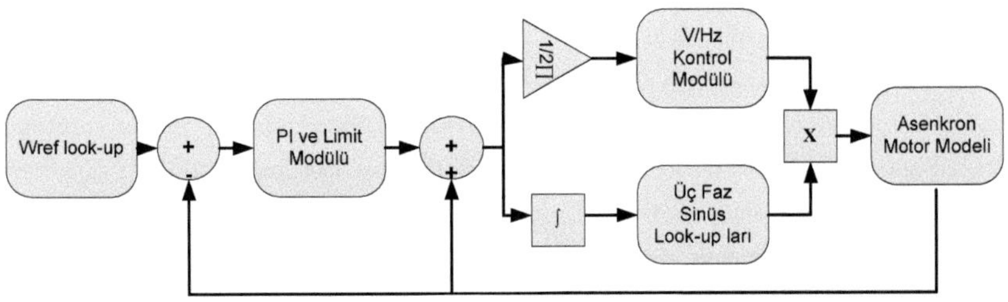

Şekil 4. 29. Kapalı-çevrim FPGA tasarımının blok diyagramı

PI modülü her bir referans hız değeri için 10 defa çalıştırılmaktadır ve örnekleme zamanı daha önce değinildiği gibi 20 μs dir. PI modülü, motor modelindeki alt bloklarda olduğu gibi matematiksel bir ifade olarak gerçekleştirilmiştir. Girişine uygulanan hata değeri paralel olarak bir yandan P (Proportional) katsayısı ile çarpılırken diğer yandan integral hesabı yapılmak ve hesaplanan değer I (Integrator) katsayısı ile çarpılıp toplanmaktadır. Herhangi bir tablo yapısına gerek duyulmamıştır.

FPGA geliştirme ortamında sinüs megafunction mevcut olmadığından, açısal hızın integralinden hesaplanan açı değerine göre o andaki fazların sinüs değerlerinin hesaplanması gerekmektedir. Önce bu modülün girişine uygulanan integre edilmiş açı değerinin 2π ile modu hesaplanır. Elde edilen anlık açı değeri üç farklı look-up tablosuna uygulanarak [0-1] aralığındaki sinüs değerleri belirlenir.

V/Hz kontrol algoritması modülü ise doğrusal bir karakteristik gösterdiğinden PI modülünde olduğu gibi matematiksel bir ifadenin FPGA karşılığı olarak gerçekleştirilmiştir. Hem faz ekseninde hem de genlik ekseninde alt ve üst limitler tanımlanmıştır. Bu limit parametreleri V/Hz modülüne parametre olarak uygulanmaktadır. Beşinci parametre olarak ise frekans değeri uygulanmakta ve bu giriş frekans değerine göre genlik değeri belirlenmektedir. Doğrusal bir yapı söz konusu olduğundan önce belirlenen aralığın eğimi bir defaya mahsus olarak hesaplanır ve elde edilen bu açı değeri ile girişindeki frekans değeri çarpılarak anlık genlik değerleri hesaplanır.

Genlik ve sinüs tabloları paralel olarak hesaplanmakta ve daha sonra bu modüllerin çıkışları çarpılarak motor modeline uygulanacak olan anlık faz genlik değerleri ortaya çıkmaktadır. V/Hz modülünün çıkışı üç farklı sinüs look-up tablosu ile çarpılmaktadır. Motor fazlarının o andaki genlik değerleri hesaplandıktan sonra daha önceki bölümde doğruluğunu ispatlanmış motor modelinin üç faz girişine uygulanır. Uygulanan bu girişlere göre motorun alacağı yeni durum motor modeli tarafından hesaplanır ve geri besleme değeri olan normalize edilmiş rotor hızı değeri bir sonraki iterasyon adımında kontrol algoritmasını besleyecek şekilde üretilir.

Kapalı-çevrim DDB uygulamasının sonuçları Şekil 4.30,31,32,33,34 'de gösterilmektedir. Şekil 4.30'de motora uygulanan referans hız bloğunun grafiği çizdirilmiştir. Şekil 4.31'de motorun gerçek hız grafiği çizdirilmiştir ve motor modelinin istenilen hız referans değerlerine doğru ve hızlı bir şekilde oturduğu gözlemlenmektedir. PI parametrelerinin düzgün ayarlandığı gözlemlenmektedir.

Şekil 4.32'de motorun bir fazından alınan değerlerin grafiği çizdirilmiştir. Başlangıç anında 0 olan bu değer hız artmaya başladıkça ve sabit hız referans değerinde sabit genlik ve frekansa ulaştığı gözlemlenmektedir. Buradan da V/Hz kontrol algoritmasının istenilen performansı sergilediği gözlemlenmektedir.

Şekil 4.33'de motor modeli tarafından çekilen akım değerlerinin grafiği çizdirilmiştir. Başlangıçta yüksek olan bu değer belli bir hıza ulaştıktan sonra düşmekte ve sabit referans hız boyunca korunmaktadır. Şekil 4.34'de ise motorun ürettiği moment değerlerinin grafiği verilmiştir.

Motora uygulanan yük modeli dinamik olduğundan, akım ve moment grafiklerinde bazı noktalarda değişimler olduğu gözlemlenmektedir. Bu değişimler sayesinde yük değiştiğinde de kontrol algoritması geçerliliğini korumakta ve rotor hızını aynı referans değerinde tutmaktadır.

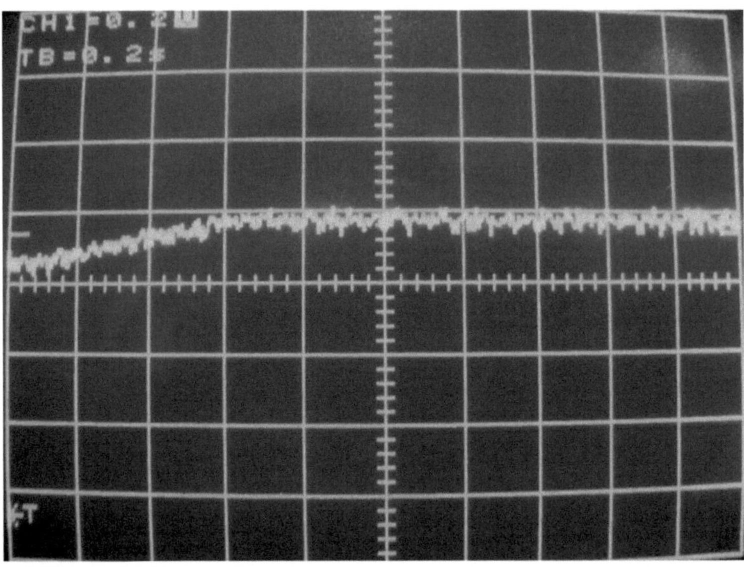

Şekil 4. 30. Kapalı-Çevrim Referans Hız Grafiği

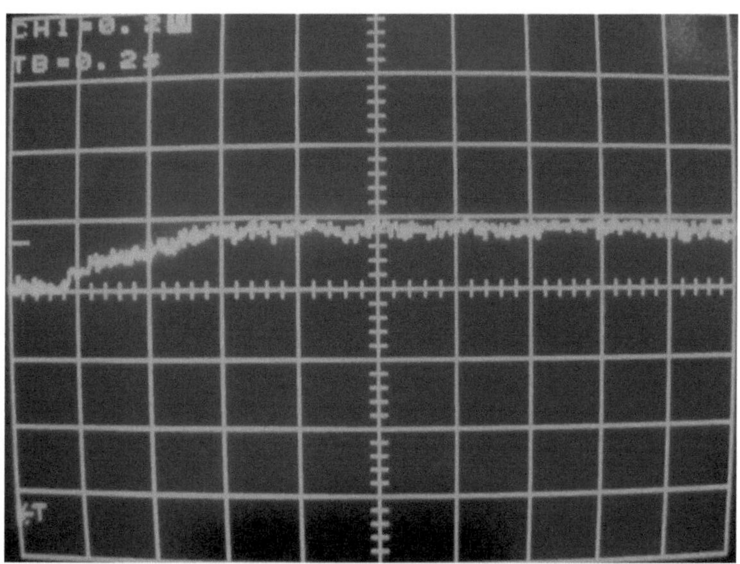

Şekil 4. 31. Kapalı-Çevrim Motor Gerçek Hız Grafiği

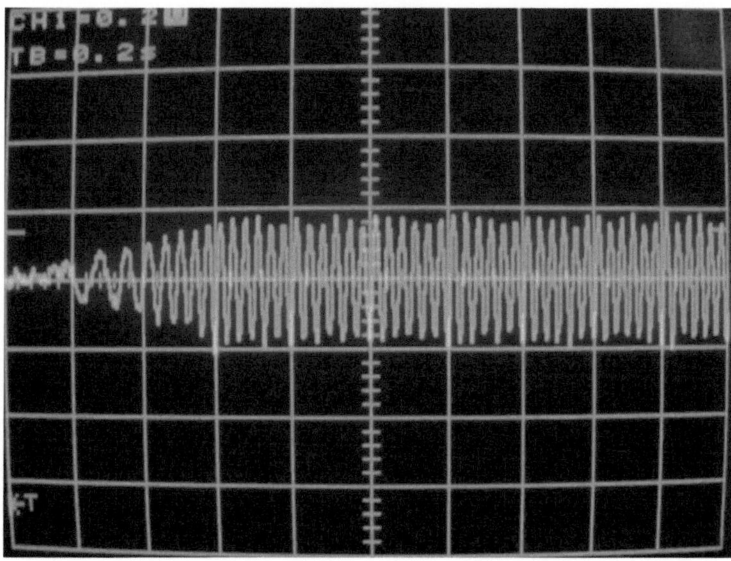

Şekil 4. 32. Kapalı-Çevrim Motora Uygulanan A Fazının Genlik Grafiği

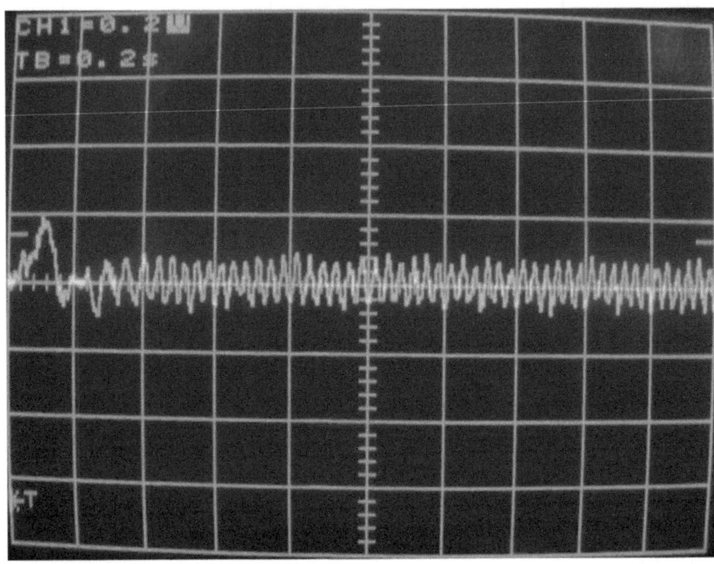

Şekil 4. 33. Kapalı-Çevrim Motor A Fazının Çektiği Akım Grafiği

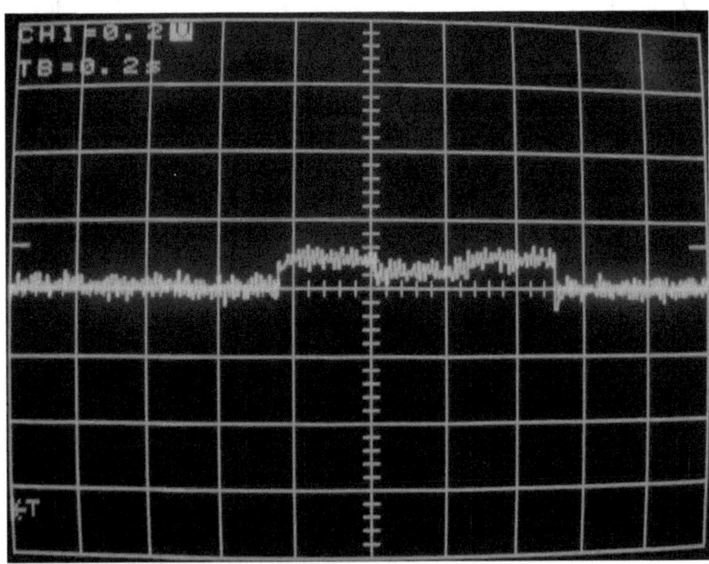

Şekil 4. 34. Kapalı-Çevrim Üretilen Moment Grafiği

5. SONUÇLAR

Bu tez çalışması kapsamında gerçekleştirilen deneysel benzetim ortamı, gerçek zamanda çalışmakta ve alternatif simülatör çözümlerine göre çok daha ucuza mal olmaktadır. Klasik benzetim programları ile bir GKS tam anlamıyla test etmek mümkün değildir. Çünkü klasik yaklaşım ile yapılan test süreci aslında sadece kontrol algoritmasının off-line denenmesidir ki; genelde gömülü yazılımın %30'u kontrol algoritmasından ibarettir. Bunun yerine DDB tarzı on-line teste izin veren yaklaşımlar kullanmak gerekir. Uygulamalarda geliştirilen DDB ortamı, FPGA ile yapılan komple sistem modellemesi sayesinde literatürde yer alan önceki çalışmalardan daha kısa çevrim zamanına sahiptir. Gerçekleştirilen uygulamalarda, üç fazlı asenkron motorun gerçek zamanlı modelinin çevrim süresi 2µs'nin altında koşturulmuştur. Bu sayede elde edilen test sonuçları, referans alınan benzetim sonuçları ile örtüşmektedir. Gerçek zamanlı benzetim uygulamaları için böyle kısa sürede sistemin bütün modelinin hesaplanabilmesi oldukça önemlidir.

Donanımsal modelleme yaparken en kritik faktör seçilen sayı sistemi için kullanılacak formattır. Asenkron motor modeli gibi karmaşık sistemler için fixed-point sayı sistemi kullanarak çözümleme yapılması mümkün değildir. Bu nedenle gerçekleştirdiğimiz FPGA tabanlı modelde single-precision floating-point sayı sistemi tercih edilmiştir. Ayrıca dış dünya etkileşimi için float ve fixed sayı sistemleri arasındaki dönüşümler için donanımsal tasarımlar geliştirilmiştir.

FPGA teknolojisinde veri yapısının temsili için kullanılan OKFDD ağaçlarının optimizasyonu, klonal seçim algoritması ile denenmiş ve başarılı sonuçlar elde edilmiştir. FPGA teknolojisinin teorik iyileştirmesi için kullanılan bu yapay zeka algoritması daha önce denenen optimizasyon algoritmalarına göre bu tip problemlerde daha üstün özelliklere sahiptir.

Ayrıca DDB tekniğinin yapay zeka ile kontrol uygulamalarındaki kullanımını sınamak için; bir bulanık mantık denetleyici ile bir masaüstü bilgisayar ile etkileşimli olarak test edilmiştir. Bulanık kontrol entegresi ve çevresel birimleri elektronik bir kart şeklinde tasarlanmış ve örnek bir uygulama için gerekli yazılım üzerine yüklenerek, DDB uygulamasında test edilmiştir. Bulanık denetleyici entegresinin, bilgisayar ortamındaki benzetilmiş sistem ile etkileşimi için PC tabanlı bir veri toplama kartı kullanılmıştır.

Oluşturulan FPGA tabanlı asenkron motorun modelinin girişine üç faz dengeli sinüs uygulanmıştır. Motor modelinin giriş gerilimi, çıkış akımı, momenti, hızı ve uygulanan dinamik yük verileri, DAC kartı kullanılarak gerçek zamanlı olarak osiloskopda gözlenmiştir. Bu grafikler Şekil 4.20.-4.25.'de gösterilmiştir. Elde edilen bu sonuçlar, daha önce MATLAB ortamında yapılan benzetim sonuçları ile karşılaştırıldığında grafiklerin örtüştüğü ve oldukça yakın sonuçlar oldukları gözlemlenmiştir.

Gerçekleştirilen gerçek zamanlı asenkron motor modeli, ilk başta açık çevrim olarak çalıştırılmıştır. Bu aşamadan sonra ise, geliştirilen bu modelin kapalı çevrim olarak denenmesi için; V/Hz skalar kontrol algoritması ile modelin etkileşimi sağlanmıştır. Mevcut deneysel benzetim ortamı ile ilave hiçbir donanıma gerek kalmadan modelin kapalı çevrim olarak test edilmesi mümkün olmuştur. Bu uygulamalar içerisinden bir tane uluslararası dergi makalesi ve bir tane de uluslararası konferans bildirisi yayınlanmıştır.

Gerçekleştirilen benzetim ortamı modüler olduğundan aslında farklı model ve sistemlerin testi için de kullanılabilir. Bu tez çalışmasındaki modeli gerçekleştirilirken yakalanan işlem hızı ve dolayısıyla çevrim zamanı birçok farklı alandaki farklı model için ihtiyaç duyulan adım süresinden çok kısadır. Ayrıca kullanılan FPGA entegresinin %40'a yakın bir kapasitesi de kullanılmamıştır. Kalan entegre kapasitesi ile matematiksel modeli daha da karmaşık olabilecek sistemlerin benzetimlerinin de bu uygulama ortamında gerçekleştirilmesi mümkündür.

Geleneksel yazılım temelli benzetim ortamları, gerçek çalışma koşullarını taklit etmek üzere kullanıldığında dezavantajlar ortaya çıkmaktadır. Örneğin sayısal denetleyicinin sınırlamaları göz önüne alınmaz keza sayısal işlemcilerin kaydedicilerinin sonlu çözünürlükte olmasını da hesaba katmaz. Benzetim ve gerçek zaman koşulları arasındaki köprü DDB tekniği ile kurulmaktadır.

DDB tekniği; benzeticinin giriş/çıkış işaretlerinin, gerçek süreçteki ile aynı zaman aralığına bağımlı değerleri aldığı bir benzetim tekniğidir. Bu türden benzeticiler, farklı yük ve çalışma koşulları altındaki GKS test edilmesine izin vermektedirler. Güç elektroniği alanında yüksek performanslı sürücüler için sayısal kontrol sistemi tasarlanırken; DDB tekniği ile hem tasarım hem de test süreci birlikte gerçekleştirilebilmektedir ve bu tip güncel uygulamaların sayısı gittikçe artmaktadır.

DDB tekniğinde elde edilen sonuçlar tatminkâr ise geliştirilen yazılım, gerçek sistemdeki kontrol stratejisinin geçerliliğini deneysel olarak göstermek için kullanılabilir demektir.

Elektriksel sürücü sistemlerde gerçek zamanlı benzetimin avantajları;

- Benzetimi yapılan sistem ile etkileşim söz konusudur. İntegrasyon zaman adımı ile örnekleme zamanının gerçekçi seçimi sağlanır.
- Denetleyici aynı zamanda hem tasarlandığı hem de test edildiği için güvenirlik artmaktadır.
- Motor sürücüsünün olmadığı durumda denetleyicinin geliştirilmesi ve testi DDB tekniği ile geliştirilebilir (Yüksek güçlü elektriksel sürücülerin geliştirilmesi aşamasında).
- Denetim yazılımındaki hataların giderilmesi sağlar. Yazılımdaki ufak hatalar kayıplara yol açabilir ve bundan dolayı farklı yüklerdeki motor ve inverterlerin arızalarını bulmak zorlaşır.
- Tam olarak aynı çalışma koşullarında aynı deneylerin tekrar yapılmasına izin vermektedir.

KAYNAKLAR

[1] **M. A. A. Sanvido**, 2002. Hardware-in-the-loop Simulation Framework, *Phd. Thesis, Swiss Federal Institute of Technology (ETH)*, Zurich.

[2] **S. Prakhya**, 2005. Real-time matrix multiplication in FPGA, Madras University, India.

[3] **Jim Ledin**, 2001. Simulation Engineering, CMP Books,

[4] **J.O. Hamblen, T.S. Hall, M.D. Furman**, 2006. Rapid prototyping of digital systems, Springer.

[5] **Z. Navabi**, 2007. Embedded core design with FPGAs, McGraw-Hill.

[6] **H.B. Ertan, M.Y. Üçtuğ, R. Colyer, A. Consoli**, 2000. Modern Electrical Drives, Kluwer Academic Publishers.

[7] **P. Belanovic**, 2002. Library of Parameterized Hardware Modules for Floating-Point Arithmetic with An Example Application, *Northeastern University, Boston*, Massachusetts.

[8] **B. Ozpineci, L. M. Tolbert**, 2003. Simulink Implementation of Induction Machine Model-A Modular Approach, IEEE International- IEMDC'03.

[9] **C. Dufour, S. Abourida, J. Belanger**, 2003. Real-time simulation of induction motor IGBT drive on a PC-cluster, *IPST 2003*, New Orleans.

[10] **S. Vamsidhar, B.G. Fernandes**, 2004. Hardware-in-the-loop simulation based design and experimental evaluation of DTC strategies, *35th Annual IEEE PESC*, Aachen, Germany.

[11] **F. Ricci, H. Le-Huy**, 2003. Modeling and simulation of FPGA-based variable speed drives using Simulink, *Mathematics and Computers in Simulation 63*, 183-195,

[12] **J. Liang, R. Tessier, O. Mencer**, 2003. Floating Point Unit Generation and Evaluation for FPGAs, *11th Annual IEEE FCCM'03.*

[13] **C.-M. ONG**, 1998. Dynamic Simulation of Electric Machinery – using Matlab/Simulink, Prentice Hall PTR.

[14] **PEKTAŞ S.**, 2004. On-line Controller Tuning By Matlab Using Real System Responses, *Y.Lisans Tezi, ODTU Fen Bilimleri Enstitüsü.*

[15] **R. Jastrzebski, O. Laakkonen, K. Rauma, J. Luukko, H. Saren, O. Pyrhonen**, 2004. Real-time Emulation of Induction Motor in FPGA Using Floating Point Representation, *Proceedings of IASTED'04*, Greece.

[16] **G. Parma, V. Dinavahi**, 2007. Real-Time Digital Hardware Simulation of Power Electronics and Drives, *IEEE Transactions on Power Delivery, Vol.22.*

[17] **M. H. Kang, Y. C. Park**, 2005. A Real-time control platform for rapid prototyping of induction motor vector control, Springer-Verlag.

[18] **M. A. Shanblatt, B. Foulds**, 2005. A simulink-to-FPGA implementation tool for enhanced design flow, IEEE MSE'05.

[19] **C. Dufour, S. Abourida, J. Belanger**, 2005. Hardware-in-the-loop Simulation of Power Drives with RT-LAB, IEEE PEDS'05.

[20] **S. C. Chapra, R. P. Canale, Çeviri: H. Heperkan, U. Kesgin**, 2003. Mühendisler için Sayısal Yöntemler, Literatür Yayınları.

[21] **Johan Olsen**, 2005. Modelling of Auxiliary Devices for a Hardware-in-the-loop Application, *Master Thesis in Dept. of Electrical Engineering at Linköpings University*, Swedish.

[22] **Xiolin Hu**, 2005. Robot-in-the-loop Simulation to Mobile Robot Systems, *in: ICAR'05*, Seattle WA,506-513.

[23] **A.Kecskemethy, I.Masic, M.Tandl**, 2008. Workspace Fitting and Control for a Serial-Robot Motion Simulator, Proceedings of EUCOMES 08, Cassino, Italy.

[24] **E. Gill, B. Naasz, T. Ebinsma**, 2003. First Results From A Hardware-in-the-loop Demonstration of Closed Loop Autonomous Formation Flying, 26th Annual AAS Guidance and Control Conference.

[25] **H. Hanselman**, 1996. Hardware-in-the-loop Simulation Testing and its Integration Into a CACSD Toolset, *The IEEE International Symposium on CACSD*, Michigan USA.

[26] **W.H. Kwon, S.H. Han, J. Lee, S. Choi**, 2000. Real-time simulation using two personal computers for control education, *in: Proc. ACE 2000*, 133-137.

[27] **S. Abourida, C. Dufour, J. Belanger, V. Lapointe**, 2003. Real-time PC based Simulator of Electric Systems and Drives, *International Conference on Power Systems Transients*, in New Orleans USA.

[28] **S. Ayasun, S. Vallieu, R. Fischl, T. Chmielewski**, 2003. Electric Machinery Diagnostic/Testing system and Power Hardware-in-the-loop Studies, *SDEMPED 2003*, Atlanta USA.

[29] **C. Dufour, J. Belanger, S. Abourida**, 2003. Accurate simulation of a 6-pulse inverter with real-time event compensation in ARTEMIS, *Mathematics and Computers in Simulation, Vol. 63*, Elsevier, Amsterdam, 161-172.

[30] **E. Akın, M. Karaköse, H. Can**, 2002. A New Fuzzy Controller Based on Integrator Algorithm for Stator Flux Estimation in Induction Motors, *Electric Power Components & System, Vol. 30 Num. 5*,Taylor & Francis, Philadelphia, 485-506.

[31] **R. Isermann, J. Schaffnit, S. Sinsel**, 1999. Hardware-in-the-loop Simulation for the Design and Testing of Engine-Control Systems, *Control Engineering Practice, Vol. 7*, 643-653.

[32] **Marco A. A. Sanvido**, 1999. A Computer System for Model Helicopter Flight Control, *Technical Memo Num.:3, Institute for Computer Systems*, ETH Zurich.

[33] **Marco A. A. Sanvido**, 2001. W. Schaufelberger, Design of A Framework for Hardware-in-the-loop Simulations and Its Application to A Model Helicopter, *in: International EUROSIM Congress*, Netherlands.

[34] **L. D. Castro, J. Timmis**, 2002. Artificial Immune Systems: A Novel Paradigm to Pattern Recognition, *In Artificial Neural Networks in Pattern Recognition, J.M. Corchado, L. Alonso and C. Fyfe (eds), SOCO-2002*, University of Paisley, UK, pp. 67-84.

[35] **L. D. Castro, F. J. Von Zuben**, 2000. The Clonal Selection Algorithm with Engineering Applications, *In Workshop Preceedings of GECCO'00, Workshop on Artificial Immune Systems and Their Applications*, USA, pp. 36-37.

[36] **E.Duman, H.Can,E.Akın**, 2007. An Artificial Immune Algorithm to minimize OKFDD using in FPGAs, *INISTA-07*, İstanbul, TURKEY.

[37] **Steve Kilts**, 2007. Advanced FPGA Design: Architecture, Implementation, and Optimization, published by John Wiley&Sons Inc., USA.

[38] **K. Kuusilinna, T. Hamalainen, J. Saarinen**, 1999. Fieldprogrammable gate array-based PCIinterface for a coprocessor system, *Microprocessors and Microsystems 22*, ELSEVIER.

[39] **V. Gustin**, 1999. An FPGA extension to ALU functions, Microprocessors and *Microsystems 22*, ELSEVIER,.

[40] **E.Duman, H.Can,E.Akın**, 2007. Real-Time FPGA Implementation of Induction Machine Model-A Novel Approach, *ACEMP-07*, Bodrum, TURKEY.

ÖZGEÇMİŞ

Erkan DUMAN

Fırat Üniversitesi
Mühendislik Fakültesi
Bilgisayar Mühendisliği Bölümü
23119, Elazığ

erkanduman@firat.edu.tr

1979 Elazığ 'da doğdu.

1997-2001 Fırat Üniversitesi Mühendislik Fakültesi Bilgisayar Mühendisliği Bölümünden mezun oldu.

1998-2001 F.Ü., Fen Bilimleri Enstitüsü, Bilgisayar Mühendisliği Anabilim Dalında " Gerçek Zamanlı Bulanık İntegral Uygulamaları" konusunda yaptığı çalışma ile Yüksek Mühendis unvanını aldı.

2001- Fırat Üniversitesi, Mühendislik Fakültesi, Bilgisayar Mühendisliği Bölümünde araştırma görevlisi olarak çalışmaktadır.

Printed by Books on Demand GmbH, Norderstedt / Germany